AI与动画游戏艺术实验室　策划

细致功能讲解 + 技术实例 + 综合实例 + 视频微课

Blender+AI
工具详解与实战

视频微课 全彩版

来阳◎编著

人民邮电出版社

北京

图书在版编目（CIP）数据

Blender+AI 工具详解与实战：视频微课：全彩版 / 来阳编著. -- 北京：人民邮电出版社，2025. -- ISBN 978-7-115-66186-9

Ⅰ．TP391.414

中国国家版本馆 CIP 数据核字第 2025FD6963 号

内 容 提 要

本书是一本全面而深入的三维设计教程。书中不仅详细介绍了三维设计的核心概念，以及 Blender 4.0 的基础知识和操作技巧，还特别强调了 AI 技术在三维设计中的应用，展示了如何利用 AI 工具制作三维设计作品。

本书共 11 章，配有丰富的技术实例和步骤详解。第 1 章介绍了三维设计的基础知识和 Blender 4.0 的基本操作。接下来的章节分别深入探讨了网格建模、曲线建模、雕刻建模、灯光技术、材质与纹理、摄像机技术、渲染、动画技术、动力学动画，以及使用 AI 制作三维设计作品。书中的技术实例覆盖了从基础模型制作到复杂场景渲染的各个方面，帮助读者逐步掌握 Blender 4.0 的高级功能。

本书适合三维设计初学者及任何对三维设计感兴趣的人士阅读。对于初学者来说，本书提供了易于理解的教程和实例，能够帮助他们快速上手 Blender 4.0。对于有经验的设计师，书中的高级技巧和 AI 工具的应用将激发他们的创造力，帮助他们提高工作效率。此外，本书还适合作为高等院校和培训机构相关课程的教材。

◆ 编　著　来　阳
　　责任编辑　罗　芬
　　责任印制　王　郁　焦志炜

◆ 人民邮电出版社出版发行　北京市丰台区成寿寺路 11 号
　　邮编　100164　电子邮件　315@ptpress.com.cn
　　网址　https://www.ptpress.com.cn
　　北京盛通印刷股份有限公司印刷

◆ 开本：700×1000　1/16
　　印张：15.75　　　　　　　　2025 年 4 月第 1 版
　　字数：291 千字　　　　　　　2025 年 4 月北京第 1 次印刷

定价：89.90 元

读者服务热线：(010)81055410　印装质量热线：(010)81055316
反盗版热线：(010)81055315

前　言

在数字化时代，三维设计已成为创意表达和技术创新的重要工具。随着技术的飞速发展，Blender以其强大的功能和直观的操作界面，成为三维设计领域的佼佼者。无论是在电影、动画、游戏开发还是广告制作中，Blender都能提供无与伦比的创作自由度和效率。

作为一本全面而深入的教程，本书旨在引导读者探索Blender的无限可能。从基础操作到高级技巧，从传统建模到AI辅助设计，每一章节都精心设计，以确保读者能够逐步建立起扎实的三维设计基础。我们不仅深入讲解了Blender 4.0的核心功能，还通过丰富的实例演示，帮助读者理解如何在实际项目中应用这些功能。

在本书的编写过程中，我们特别注重理论与实践的结合，确保每个概念都通过具体的操作来阐释，每个技巧都通过实例来巩固。我们相信，通过学习本书，无论是三维设计的新手还是有经验的专业人士，都能在Blender和AI的辅助下，将创意转化为令人惊叹的三维作品。

学习资源下载方法

本书的配套资源包括所有实例的工程文件、贴图文件和教学视频。扫描下方二维码，关注微信公众号"数艺设"，并回复51页左下角的5位数字，即可自动获得资源下载链接。

数艺设

致谢

在本书的出版过程中，人民邮电出版社的编辑老师做了很多工作，在此表示诚挚的谢意。我们的目标是使本书成为一个实用的资源，希望读者在阅读本书的过程中获益。虽然我们努力确保本书内容准确且易于理解，但难免存在不足之处，我们欢迎并感激读者的反馈和建议，您可以发送电子邮件至 luofen@ptpress.com.cn。

来　阳

目录

第 1 章 初识三维设计 001

- 1.1 三维设计概述 002
- 1.2 AI 辅助三维设计 004
- 1.3 三维设计软件与 AI 绘图工具 ... 005
  - 1.3.1 常用的三维设计软件及其特点 005
  - 1.3.2 AI 绘图工具及其特点 006
- 1.4 Blender 4.0 的基本操作 008
  - 1.4.1 Blender 4.0 的工作界面 008
  - 1.4.2 创建对象 009
  - 1.4.3 视图切换 009
  - 1.4.4 游标设置 009
  - 1.4.5 对象选择 010
  - 1.4.6 变换对象 010
  - 1.4.7 复制对象 010
  - 1.4.8 模型显示 010

第 2 章 网格建模 011

- 2.1 网格建模概述 012
- 2.2 创建几何体模型 012
- 2.3 编辑模式 012
- 2.4 技术实例 013
  - 2.4.1 实例：制作杯子模型 013
  - 2.4.2 实例：制作高尔夫球模型 018
  - 2.4.3 实例：制作儿童凳模型 024
  - 2.4.4 实例：制作哑铃模型 030
  - 2.4.5 实例：制作立体文字模型 035
  - 2.4.6 实例：制作石膏模型 038
  - 2.4.7 实例：制作收纳筐模型 040
  - 2.4.8 实例：制作排球模型 045

第 3 章 曲线建模 048

- 3.1 曲线建模概述 049
- 3.2 创建曲线 049
- 3.3 技术实例 049
  - 3.3.1 实例：制作碗模型 049
  - 3.3.2 实例：制作罐子模型 053
  - 3.3.3 实例：制作铁丝笔筒模型 059
  - 3.3.4 实例：制作球状线团模型 062
  - 3.3.5 实例：制作曲别针模型 064

目 录

第 4 章
雕刻建模 067

- 4.1 雕刻建模概述 068
- 4.2 雕刻建模基础操作 068
- 4.3 技术实例 069
- 4.3.1 实例：雕刻坐垫模型 069
- 4.3.2 实例：雕刻石头模型 075
- 4.3.3 实例：雕刻带字石块模型 077

第 5 章
灯光技术 081

- 5.1 灯光概述 082
- 5.2 blender 灯光 082
- 5.3 技术实例 083
- 5.3.1 实例：制作静物灯光照明
   效果 083
- 5.3.2 实例：制作体积光照明效果 ... 087
- 5.3.3 实例：制作室内天光照明
   效果 090
- 5.3.4 实例：制作室内阳光照明
   效果 093

第 6 章
材质与纹理 095

- 6.1 材质概述 096
- 6.2 常用材质着色器 096
- 6.3 常用材质节点 097
- 6.4 技术实例 098
- 6.4.1 实例：使用"玻璃 BSDF"
   着色器制作玻璃材质 098
- 6.4.2 实例：使用"光泽 BSDF"
   着色器制作金属材质 100
- 6.4.3 实例：使用"原理化 BSDF"
   着色器制作陶瓷材质 102
- 6.4.4 实例：使用"原理化 BSDF"
   着色器制作玉石材质 105
- 6.4.5 实例：使用"颜色渐变"
   节点制作随机颜色材质 107
- 6.4.6 实例：使用"凹凸"
   节点制作凹凸瓷碗材质 109
- 6.4.7 实例：使用"图像纹理"
   节点制作木纹材质 112
- 6.4.8 实例：使用"菲涅尔"
   节点制作 X 射线材质 114

目录

第 7 章 摄像机技术 117

- 7.1 摄像机概述 118
- 7.2 创建摄像机 118
- 7.3 技术实例 119
  - 7.3.1 实例：创建摄像机 119
  - 7.3.2 实例：制作景深效果 121

第 8 章 渲染 125

- 8.1 渲染概述 126
- 8.2 渲染引擎 126
- 8.3 综合实例：制作室内阳光
  照明效果 127
  - 8.3.1 制作地板材质 128
  - 8.3.2 制作金色金属材质 129
  - 8.3.3 制作花盆材质 130
  - 8.3.4 制作环境材质 131
  - 8.3.5 制作窗户玻璃材质 133
  - 8.3.6 制作床板材质 133
  - 8.3.7 制作阳光照明效果 135
- 8.4 综合实例：制作黑洞效果 136
  - 8.4.1 制作黑洞模型 137
  - 8.4.2 制作黑洞材质 139
  - 8.4.3 制作吸积盘材质 145
  - 8.4.4 渲染及后期设置 155

第 9 章 动画技术 161

- 9.1 动画概述 162
- 9.2 动画基本操作 162
- 9.3 技术实例 163
  - 9.3.1 实例：制作文字渐变色
    动画效果 163
  - 9.3.2 实例：制作花朵摇摆
    动画效果 168
  - 9.3.3 实例：制作物体消失
    动画效果 173
  - 9.3.4 实例：制作纸飞机飞行
    动画效果 179
  - 9.3.5 实例：制作光影变化
    动画效果 182

目 录

第 10 章
动力学动画 186

- 10.1 动力学概述 187
- 10.2 创建刚体对象 187
- 10.3 创建布料对象 188
- 10.4 创建软体对象 188
- 10.5 创建动态绘画对象 188
- 10.6 技术实例 189
  - 10.6.1 实例：制作苹果掉落动画效果 189
  - 10.6.2 实例：制作小旗飘动动画效果 194
  - 10.6.3 实例：制作枕头膨胀动画效果 199
  - 10.6.4 实例：制作鱼排掉落动画效果 205
  - 10.6.5 实例：制作文字波纹动画效果 208

第 11 章
使用 AI 制作三维设计作品 213

- 11.1 Stable Diffusion 概述 214
- 11.2 技术实例 215
  - 11.2.1 实例：使用"文生图"功能制作穿机甲的女孩图像 215
  - 11.2.2 实例：使用"文生图"功能制作写实风格的男生图像 220
  - 11.2.3 实例：使用"文生图"功能制作三维风格的都市街道图像 225
  - 11.2.4 实例：使用"文生图"功能制作三维风格的客厅场景图像 228
  - 11.2.5 实例：使用"文生图"功能制作手绘风格的街道场景图像 231
  - 11.2.6 实例：使用"文生图"功能制作科幻风格的未来城市图像 234
  - 11.2.7 实例：使用"图生图"功能制作海边的女孩图像 236
  - 11.2.8 实例：使用"图生图"功能制作卧室效果图 240
  - 11.2.9 实例：使用"图生图"功能制作创意海报 242

初识三维设计

1.1 三维设计概述

三维设计（3D Design）是指使用计算机辅助设计软件创建三维模型和动画的过程。与传统的二维设计相比，三维设计能够更真实、直观地展示物体的空间关系和细节，为设计师提供了更多的创意空间和技术支持。三维设计广泛应用于多个领域，如建筑设计、工业设计、动画与影视制作、游戏开发、医疗等。

- 在建筑设计中，三维设计用于创建详细的建筑模型，进行虚拟漫游、光照分析和结构模拟，帮助建筑师更好地展示和优化设计方案。
- 在工业设计中，三维设计用于产品设计、原型制作和制造仿真，可以提高设计效率和产品质量。
- 在动画与影视制作中，三维设计用于创建角色、场景和特效，使影片更具视觉冲击力和真实感。
- 在游戏开发中，广泛使用三维设计来创建游戏角色、环境和道具，提供沉浸式的游戏体验。
- 在医疗领域，三维设计用于创建人体器官和组织的详细模型，帮助医生进行手术规划和教学培训。

随着3D设计技术的进步，三维设计师在设计领域的作用越来越重要，根据招聘网站2024年的数据，三维设计师的月均薪资范围从4500元到15000元不等，其中12000~15000元的占比达到26%。如何才能成为一名符合岗位用人需求的三维设计师呢？表1-1所示的是根据企业需求整理的三维设计师岗位胜任力模型，供读者参考。

表1-1 三维设计师岗位胜任力模型

胜任力维度	具体能力	描述	评估方法
专业技能	建模能力	熟练使用三维建模软件（如3ds Max、Blender、Maya、Cinema 4D等），能够创建高质量的三维模型	技能测试、作品集审查
	材质与纹理	能为模型添加合适的材质和纹理，使其具有真实感	
	光照与渲染	熟练设置光源和相机，进行高质量的渲染	
	动画制作	能创建流畅的三维动画，包括角色动画和场景动画	
	后期处理	熟悉图像和视频编辑软件（如Photoshop、After Effects等），能进行后期处理	

续表

胜任力维度	具体能力	描述	评估方法
创意与设计	创意思维	具备较强的创意思维，能提出独特的设计概念	面试、案例分析
	设计美感	对色彩、形态、比例等有敏锐的感知能力，能设计出美观的作品	作品集审查、面试
	用户体验	能从用户角度出发，设计符合用户需求的产品	面试、案例分析
技术素养	学习能力	具备较强的学习能力，能快速掌握新技术和新工具	面试、技能测试
	技术创新	能运用新技术进行创新设计，提升工作效率和质量	面试、作品集审查
沟通与协作	沟通能力	能清晰、准确地表达自己的设计思路，与团队成员有效沟通	面试、团队评价
	协作能力	具备良好的团队合作精神，能与其他设计师、工程师等协同工作	团队评价、项目经验
项目管理	时间管理	能合理安排时间，确保项目按时完成	项目经验、面试
	项目协调	能协调项目中的各个环节，确保项目顺利推进	
职业素养	职业道德	具备良好的职业道德，尊重知识产权，遵守公司规章制度	背景调查、面试
	自我驱动	具备高度的自我驱动力，能主动解决问题和改进工作	面试、项目经验
	应对压力	能在高压环境下保持冷静，高效完成工作任务	面试、背景调查

【说明】

评估方法：通过多种评估方法综合考查候选人的各项能力，包括技能测试、作品集审查、面试、团队评价、项目经验和背景调查等

作品集审查：候选人需提交个人作品集，展示其在三维设计领域的实际能力和成果

面试：通过面对面或视频面试，考查候选人的沟通能力、创意思维、职业素养等

团队评价：通过与候选人前同事或领导的沟通，了解其在团队中的表现和协作能力

项目经验：通过询问候选人过去的项目经历，了解其在实际工作中的表现和能力

在三维设计师的岗位胜任力模型中，建模能力、动画制作、创意思维设计美感、学习能力、沟通能力、协作能力是最为重要的。这些能力不仅直接影响作品的质量，

还关系到设计师的职业发展和团队合作效果。其他能力，如后期处理、技术创新、项目协调等也是重要的补充，能够进一步提升设计师的综合能力。

1.2 AI 辅助三维设计

随着人工智能（AI）技术的飞速发展，AI 在创意产业中的应用正逐渐改变设计行业，为设计师带来了新的工具和可能性。把一段指令输入 AI 绘图工具，在很短的时间内就能得到 60 分以上效果的作品。当前的 AI 为设计师提供了前所未有的便利和革命性的变革。使用 AI 辅助三维设计，不仅能够加速设计过程，提高工作效率，还能激发新的创意灵感，帮助设计师突破传统设计的局限。

设计师使用 AI 辅助三维设计，将 AI 应用能力融入技能体系中，可以提升自己的各项技能，增强自己在行业中的竞争力，如表 1-2 所示。

表 1-2 AI 辅助三维设计带来的技能提升

技能划分维度	具体技能	技能描述
基础技能	AI 辅助基础建模	理解三维空间中的几何体构建，利用 AI 辅助生成复杂模型的初步形态
	AI 生成纹理和材质	了解纹理贴图、材质属性，使用 AI 生成逼真的纹理和材质，提高模型的真实感
	AI 模拟光照效果	理解光照原理，包括光源类型和光照效果，利用 AI 模拟高级光照效果，如全局光照、体积光等
	AI 辅助基础物理模拟	了解基本的物理模拟，如布料、流体、烟雾等，通过 AI 技术提高模拟的精确度和效率
	AI 辅助概念设计	使用 AI 工具辅助概念设计，提供创意启发和视觉参考
进阶技能	AI 辅助高级建模	利用 AI 进行复杂模型的构建，进行角色建模和场景建模的创新设计
	AI 辅助动画制作	使用 AI 辅助制作逼真的角色动画和复杂的表情动画
	AI 辅助特效制作	通过 AI 生成复杂的视觉效果，如爆炸、破碎等
辅助技能	AI 辅助设计美感提升	结合 AI 工具进行艺术创作，提高作品的设计美感和创作效率
	AI 辅助项目管理	使用 AI 工具进行项目规划和时间管理，提高项目执行效率

通过将 AI 技术融入到三维动画设计的技能体系中，与现有的技能相结合，可以形成一个更加完整和现代化的技能体系，帮助设计师更加高效地创作和创新。

1.3 三维设计软件与 AI 绘图工具

1.3.1 常用的三维设计软件及其特点

目前，在三维设计领域有多种常用的软件，它们各自具有独特的功能和优势，适用于不同的行业和项目需求。以下是几款因其强大的功能和广泛的应用而脱颖而出的核心软件。

1. Maya

Maya 以其全面的 CG 功能而闻名，包括建模、粒子系统、毛发生成、植物创建和衣料仿真等。它的强大功能使其在电影特效和动画制作方面尤为突出。它广泛应用于电影、电视、游戏开发和视觉艺术设计等领域。Maya 的 CG 功能全面，从建模到动画，都能提供高效的解决方案。

2. 3ds Max

3ds Max 以其强大的建模功能和插件生态系统而著称。它特别适合用于建筑及室内设计。它在游戏开发和电影制作方面也有广泛的应用。3ds Max 的插件支持使其在制作效率上具有优势。

3. Cinema 4D

Cinema 4D 以其直观的用户界面和强大的功能而闻名，特别适合快速建模和渲染。它被称为"3D 版 PS"，操作方式类似于 Photoshop，具有图层概念，使得用户能够快速上手。它在广告、电影、游戏等制作领域被广泛使用，能够满足各种不同的需求。

4. Blender

Blender 是一款开源软件，适用于多种三维内容创建，它在游戏开发、三维动画、影视制作、室内设计和建筑表现等领域都有广泛的应用。由于是免费软件，对于预算有限的设计师来说是个不错的选择。

这些工具各有千秋，选择哪种工具往往取决于项目的具体需求、预算和个人偏好。了解这些工具的特点和应用场景，可以帮助读者更有效地选择合适的工具来实现创意。本书将选择 Blender 这款软件，系统和详细地讲解它在三维设计中的应用。

本书选择以 Blender 4.0 版本为例进行讲解，力求由浅入深地详细剖析 Blender

4.0 的基本使用技巧及中、高级技术，帮助读者制作出高品质的图像及动画作品。图 1-1 所示为中文版 Blender 4.0 的启动界面。

Blender 4.0 提供了多种不同类型的建模方式，配合其功能强大的渲染引擎，可以帮助室内设计、建筑表现、数字创意、三维动画等领域的设计师顺利完成项目的制作，效果如图 1-2 ～图 1-5 所示。

图 1-1

图 1-2

图 1-3

图 1-4

图 1-5

1.3.2　AI 绘图工具及其特点

随着 AI 技术的飞速发展，图像生成技术发生了革命性变革。众多 AI 绘图工具如雨后春笋般地出现。如果现阶段不打算使用 AI 绘图工具或许不会有太大影响，但在两三年甚至更短时间内，使用 AI 绘图工具可能会成为设计师日常工作中必不可少的能力。这是无法逃避的发展趋势，我们应该用积极的心态去迎接新技术，借 AI 绘图工具提高我们的职业竞争力。AI 绘图工具主要具有以下特点。

1. 可以高效、高质量生成创意素材，简化工作流程

目前，AI 绘图工具生成的图片虽然不一定能直接使用，但可以快速生成具有一定美感和细节的图片，我们将 AI 图片进行修改调整后使用，能为形成符合要求的方案节省很多人力成本和时间成本。

2. AI 绘图具有不确定性，但可为设计师提供灵感

目前，AI 绘图像开盲盒一样，具有随机性，这是它的缺点，但这与创意行业中的头脑风暴很类似，因此可以用它来辅助创意设计，为自己提供灵感。

3. 想生成高质量作品，还需要设计师的专业能力

虽然 AI 绘图工具已经能大大提高设计效率，但是至少目前使用 AI 是无法完成一切的。比如在用户需求的把握、审美效果的契合、商业价值的体现等方面，还是需要专业设计师的把关，否则想通过 AI 绘图工具直接生成可用的作品是很难的。设计师可以把 AI 变成有力的助手，使自己的工作具有更开阔的创意空间和发展空间。

4. 技术进化的速度很快

AI 绘图技术的进化速度非常快，它对提示词的认识、理解能力在不断变化，所以本书案例中使用的提示词在几个月后会生成的图片，很可能会与书上图片的效果发生不小的变化，也就是说同样的提示词无法生成同样效果的图，这不像 Cinema 4D 这类制图软件，只要按照步骤进行，就可以生成完全一样的图。因此，切记学习 AI 绘图的方法，而不只是追求一模一样的结果。

总之，AI 绘图工具可以极大地提高设计师的工作效率，这可能会淘汰一部分设计师，但是会让具备美学素养和创意能力的优秀设计师更加优秀。下面简单介绍几个国内外出色的 AI 绘图工具，帮助大家快速了解这些工具的特性，在创作中选择适合自己的工具。

● Midjourney

Midjourney 可根据文本生成图像，其使用逻辑简单，技术要求相对较低，对刚入门 AI 绘图的新手友好。只需要在 Discord 平台中发送命令或图片及命令，即可生成具有艺术性和高级感的图片，可选风格多样。

● Stable Diffusion

Stable Diffusion 是一款深度学习文本生成图像的模型，可以在大多数配备有适度 GPU 的电脑硬件上进行本地部署。它可用于根据文本的描述生成细节度高的图像，也可以应用于其他任务，如图生图、内补绘制、外补绘制，以及基于图片内容反推生成

提示词等，并且插件等外部拓展丰富，可操作性较强。

● DALL·E3

DALL·E3 是一个可以通过文本描述生成图像的 AI 绘图工具，可以配合 GPT 大语言模型运行，生成相应的图片，并可使用自然语言对话的形式对生成的画面进行调整。

● 文心一格

文心一格是基于百度文心大模型的 AI 艺术创作辅助平台，于 2022 年 8 月发布。用户只需简单地输入一句话，并选择方向、风格、尺寸，文心一格就可以生成相应的画作。文心一格还能推荐更合适的风格效果，能自动生成多种风格的画作供用户参考。

国内外出色的 AI 绘图工具很多，本书选择了 Stable Diffusion，将在第 11 章，通过一些基本的 AI 绘图方法的讲解与应用，帮助读者学习和体会将 AI 应用到三维设计中的具体效果。

1.4　Blender 4.0 的基本操作

1.4.1　Blender 4.0 的工作界面

在使用 Blender 4.0 之前，首先应该熟悉其工作界面。图 1-6 所示为 Blender 4.0 的工作界面。有关软件工作界面的视频详解，可扫描图 1-7 中的二维码观看。

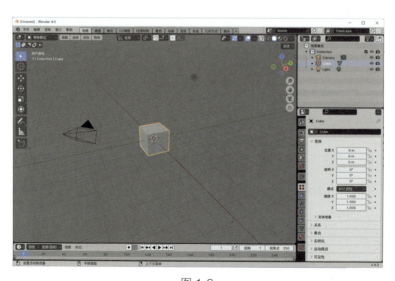

图 1-6

初识三维设计 第 1 章

图 1-7

1.4.2 创建对象

打开 Blender 4.0 后，可以看到工作界面中自带一个立方体模型，用户既可以直接使用这个立方体模型，也可以把这个立方体模型删除，创建其他的模型。有关创建对象的视频详解，可扫描图 1-8 中的二维码观看。

图 1-8

1.4.3 视图切换

打开 Blender 4.0 后，可以看到默认的视图为"用户透视"视图，Blender 4.0 还提供了其他角度的视图以便用户观察场景中的对象。有关视图切换的视频详解，可扫描图 1-9 中的二维码观看。

图 1-9

1.4.4 游标设置

打开 Blender 4.0 后，可以看到场景中有一个游标，游标用来控制新建对象的位置。有关游标设置的视频详解，可扫描图 1-10 中的二维码观看。

图 1-10

1.4.5 对象选择

在 Blender 4.0 中，要对任意物体执行某个操作，大多数情况下要先选中它们，也就是说，选择操作是建模和制作动画的基础。Blender 4.0 提供了多种对象选择方式，有关对象选择的视频详解，可扫描图 1-11 中的二维码观看。

图 1-11

1.4.6 变换对象

变换操作可以改变对象的位置、方向和大小，但是不会改变对象的形状，Blender 4.0 提供了多种用于变换对象的工具，用户可以单击对应的按钮来执行相应的变换操作。有关变换对象的视频详解，可扫描图 1-12 中的二维码观看。

图 1-12

1.4.7 复制对象

制作模型时，经常需要在场景中摆放一些相同的模型，这时，就需要使用"复制"命令来执行此项操作。有关复制对象的视频详解，可扫描图 1-13 中的二维码观看。

图 1-13

1.4.8 模型显示

在 Blender 4.0 中，可以将模型显示设置为实体、线框、半透明等效果，以便在不同状态下观察模型，有关模型显示的视频详解，可扫描图 1-14 中的二维码观看。

图 1-14

第2章

网格建模

2.1　网格建模概述

Blender 4.0 提供了多种建模工具，用来帮助用户完成各种复杂模型的构建。选中模型并切换至"编辑模式"，就可以使用建模工具进行编辑了。图 2-1 和图 2-2 所示为使用 Blender 4.0 制作的模型。

图 2-1

图 2-2

2.2　创建几何体模型

学习网格建模之前，应先掌握 Blender 提供的几何体建模工具，如图 2-3 所示。如何在场景中创建几何体模型呢？有关创建几何体模型的视频详解，可扫描图 2-4 中的二维码观看。

图 2-3

图 2-4

2.3　编辑模式

若要对场景中的模型进行编辑，则需要切换至"编辑模式"。在"编辑模式"下，用户不但可以清楚地看到模型的边线结构，还可以使用各种建模工具进行建模。图 2-5 和图 2-6 所示为猴头模型分别处于"物体模式"和"编辑模式"的视图显示状态。有关常用建模工具的视频详解，可扫描图 2-7 中的二维码观看。

图 2-5

图 2-6

图 2-7

2.4 技术实例

2.4.1 实例：制作杯子模型

实例介绍

本实例主要讲解如何通过立方体制作杯子模型，最终渲染效果如图 2-8 所示。

图 2-8

> **思路分析**
>
> 先观察杯子模型的形态,然后使用挤出操作工具制作杯子的剖面线条,再使用"旋绕"等工具制作杯子模型。

步骤演示

❶ 启动 Blender 4.0,选择场景中自带的立方体模型,如图 2-9 所示。

❷ 在"3D 视图"编辑器的左上角从"物体模式"切换至"编辑模式,如图 2-10 所示。这时可以看到立方体模型上所有的点均处于选中状态,如图 2-11 所示。

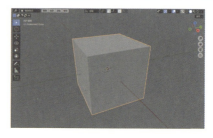

图 2-9

图 2-10

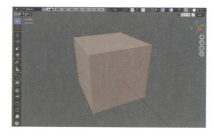

图 2-11

❸ 单击鼠标右键,在弹出的"顶点"菜单中执行"合并顶点 > 到中心"命令,如图 2-12 所示。这样就得到了一个点,如图 2-13 所示。

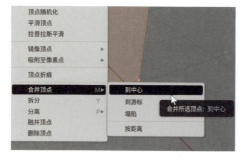

图 2-12

图 2-13

> **技巧与提示**
>
> 还可以按 M 键，在弹出的"合并"菜单中执行"到中心"命令，如图 2-14 所示。
>
>
>
> 图 2-14

❹ 在"正交前视图"中，选中顶点，按 E 键并移动鼠标指针，单击确定顶点位置，多次操作，从而制作出杯子模型一侧的剖面效果，如图 2-15 所示。

❺ 如果出现顶点画多了的情况，不能按 X 键将其直接删除，因为这样会使线条断开，如图 2-16 所示。选中多余的点，

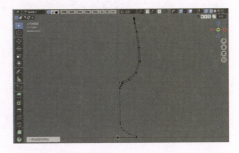

图 2-15

单击鼠标右键，在弹出的"顶点"菜单中执行"融并顶点"命令，如图 2-17 所示，这样可以在不使线条断开的情况下删掉选中的顶点。

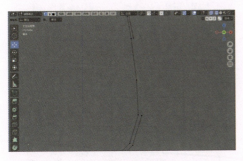

图 2-16

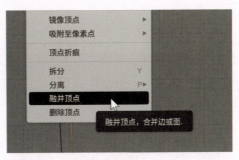

图 2-17

❻ 如果想要添加顶点，可以在需添加顶点的位置选择附近的两个顶点，如图 2-18 所示，单击鼠标右键，在弹出的"顶点"菜单中执行"细分"命令，如图 2-19 所示。这样就能在所选择的两个顶点之间添加一个顶点了，如图 2-20 所示。

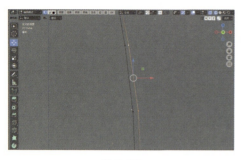
图 2-18

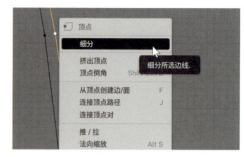
图 2-19

❼ 在"用户透视"视图中,选择所有点,如图 2-21 所示。使用"旋绕"工具制作出图 2-22 所示的模型效果。

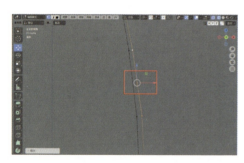
图 2-20   图 2-21

❽ 在"旋绕"卷展栏中,设置"角度"为 360°,如图 2-23 所示,得到图 2-24 所示的杯子模型效果。

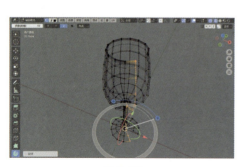
图 2-22

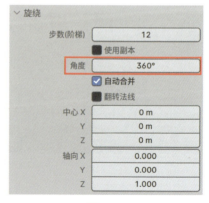
图 2-23

❾ 在"物体模式"下,观察刚才制作的杯子模型的效果,如图 2-25 所示。

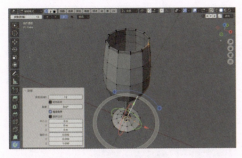
图 2-24

图 2-25

❿ 在"修改器"面板中,单击"添加修改器"按钮,如图 2-26 所示。在弹出的"添加修改器"菜单中执行"生成 > 表面细分"命令,如图 2-27 所示。

图 2-26

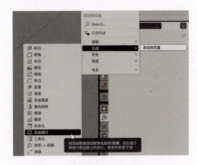
图 2-27

⓫ 在"修改器"面板中,设置"视图层级"为 2,如图 2-28 所示,得到图 2-29 所示的模型效果。

图 2-28

图 2-29

⓬ 观察杯子模型,可以看到其表面并不平滑。选择杯子模型,单击鼠标右键,在弹出的"物体"菜单中执行"平滑着色"命令,如图 2-30 所示,得到图 2-31 所示

的平滑效果。

图 2-30

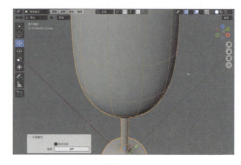

图 2-31

⓭ 在"大纲视图"编辑器中，更改模型的名称为"杯子"，如图 2-32 所示。本实例最终的模型效果如图 2-33 所示。

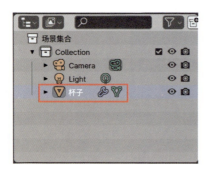

图 2-32

图 2-33

> 技巧与提示
>
> 有关材质及灯光的设置，请读者阅读本书相关章节进行学习。

学习完本实例后，读者可以尝试使用该方法制作碗、盘子等模型。

2.4.2 实例：制作高尔夫球模型

> 实例介绍
>
> 本实例主要讲解如何通过棱角球制作高尔夫球模型，最终渲染效果如图 2-34 所示。

网格建模 第 2 章

图 2-34

思路分析

先观察高尔夫球模型的形态，然后思考使用哪些命令和工具来进行制作。

步骤演示

❶ 启动 Blender 4.0，将场景中自带的立方体模型删除，执行"添加 > 网格 > 棱角球"菜单命令，如图 2-35 所示。在场景中创建一个棱角球模型，如图 2-36 所示。

图 2-35

图 2-36

❷ 在"添加棱角球"卷展栏中，设置"细分"为 4、"半径"为 0.021m，如图 2-37 所示。
❸ 设置完成后，棱角球模型的视图显示效果如图 2-38 所示。

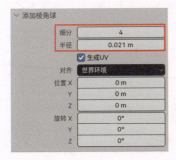

图 2-37

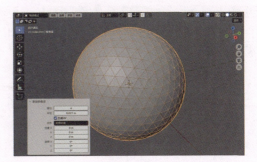

图 2-38

019

④ 在"修改器"面板中，为棱角球模型添加"表面细分"修改器，如图2-39所示。

图2-39

> 💡 **技巧与提示**
>
> 添加完"表面细分"修改器后，其名称显示为"细分"。

⑤ 选择棱角球模型，单击鼠标右键，在弹出的"物体"菜单中执行"转换到 > 网格"命令，如图2-40所示。设置完成后，棱角球模型的视图显示效果如图2-41所示。

图2-40

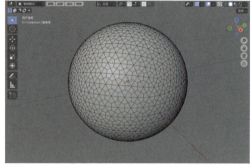

图2-41

⑥ 在"编辑模式"下，选择图2-42所示的边线，执行"选择 > 选择相似 > 面的顶角"菜单命令，快速选中图2-43所示的边线。

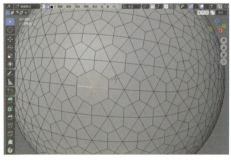

图2-42

图2-43

❼ 单击鼠标右键，在弹出的"边"菜单中执行"融并边"命令，如图 2-44 所示，得到图 2-45 所示的模型效果。

图 2-44

图 2-45

❽ 选择图 2-46 所示的边线，执行"选择 > 选择相似 > 面的顶角"菜单命令，快速选中图 2-47 所示的边线。

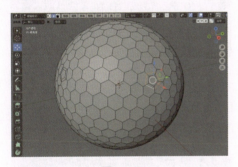

图 2-46

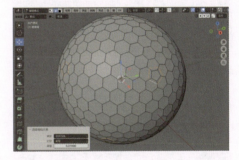

图 2-47

❾ 单击鼠标右键，在弹出的"边"菜单中执行"融并边"命令，得到图 2-48 所示的模型效果。

❿ 选择模型上的所有面，如图 2-49 所示，使用"内插面"工具在所选择的面上插入面。

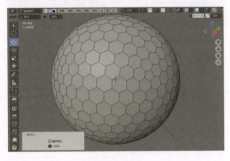

图 2-48

图 2-49

⓫ 在"内插面"卷展栏中,勾选"各面"复选框,设置"厚(宽)度"为 0.0005m,如图 2-50 所示,得到图 2-51 所示的模型效果。

⓬ 再次对所选择的面执行"内插面"操作,得到图 2-52 所示的模型效果。

图 2-50

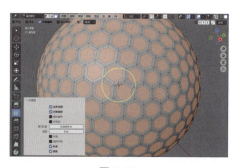

图 2-51

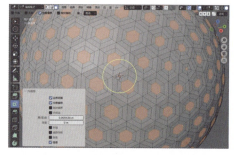

图 2-52

⓭ 使用"缩放"工具调整面至图 2-53 所示位置。

⓮ 切换至"物体模式",制作出来的高尔夫球模型效果如图 2-54 所示。

图 2-53

图 2-54

⓯ 在"修改器"面板中,为棱角球模型添加"表面细分"修改器,设置"视图层级"为 2,如图 2-55 所示,得到图 2-56 所示的模型效果。

⓰ 选择高尔夫球模型,单击鼠标右键,在弹出的"物体"菜单中执行"平滑着色"命令,如图 2-57 所示,得到图 2-58 所示的平滑效果。

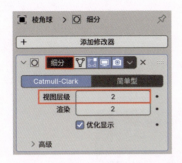
图 2-55

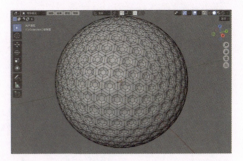
图 2-56

图 2-57

图 2-58

⑰ 在"大纲视图"编辑器中,更改模型的名称为"高尔夫球",如图 2-59 所示。本实例最终的模型效果如图 2-60 所示。

图 2-59

图 2-60

学习完本实例后,读者可以尝试使用该方法制作一些带有圆形凹陷效果的模型。

2.4.3 实例：制作儿童凳模型

实例介绍

本实例主要讲解如何通过立方体制作儿童凳模型，最终渲染效果如图 2-61 所示。

图 2-61

思路分析

先观察儿童凳模型的形态，然后思考使用哪些命令和工具进行制作。

步骤演示

① 启动 Blender 4.0，选择场景中自带的立方体模型，如图 2-62 所示。

② 按 Tab 键，进入"编辑模式"，选择图 2-63 所示的面，使用"缩放"工具调整其至图 2-64 所示大小。

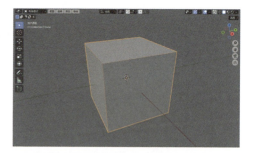

图 2-62

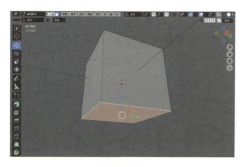

图 2-63

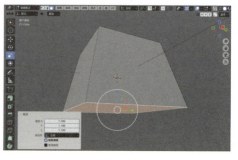

图 2-64

❸ 使用"环切"工具为模型添加边线，如图 2-65 所示。

❹ 选择图 2-66 所示的边线，使用"倒角"工具制作出图 2-67 所示的模型效果。

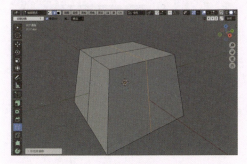
图 2-65

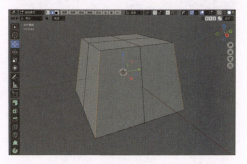
图 2-66

❺ 再次使用"环切"工具为模型添加边线，如图 2-68 所示。

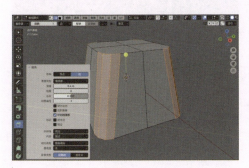
图 2-67

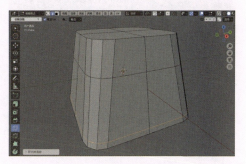
图 2-68

❻ 选择图 2-69 所示的边线，使用"倒角"工具制作出图 2-70 所示的模型效果。

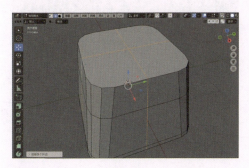
图 2-69

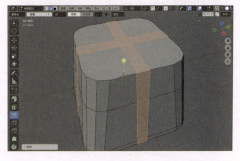
图 2-70

❼ 选择图 2-71 所示的面，按 X 键，在弹出的"删除"菜单中执行"面"命令，如图 2-72 所示，得到图 2-73 所示的模型效果，制作出儿童凳模型中心的孔洞。

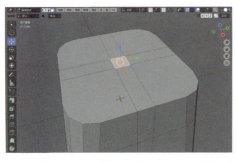

图 2-71

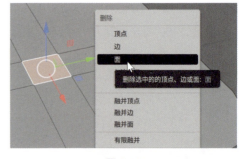

图 2-72

❽ 选择图 2-74 所示的面，按 Shift+G 键，在弹出的"选择相似"菜单中执行"周长"命令，如图 2-75 所示，快速选中图 2-76 所示的面。

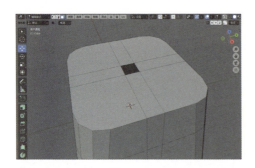

图 2-73

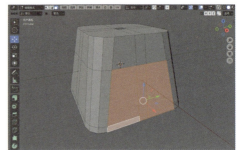

图 2-74

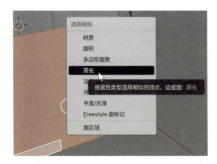

图 2-75

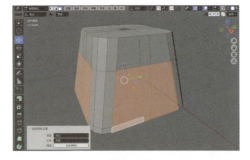

图 2-76

❾ 将所选择的面删除，得到图 2-77 所示的模型效果。

❿ 选择图 2-78 所示的面，将其删除，得到图 2-79 所示的模型效果。

⓫ 选择图 2-80 所示的两条边线，执行"选择 > 选择循环 > 循环边"菜单命令，选中图 2-81 所示的边线。

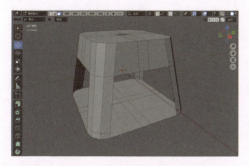
图 2-77

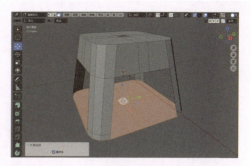
图 2-78

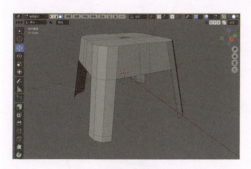
图 2-79

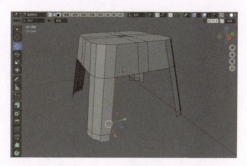
图 2-80

⑫ 按 Shift+G 键，在弹出的"选择相似"菜单中执行"一条边周围的面的数量"命令，如图 2-82 所示，快速选中图 2-83 所示的边线。

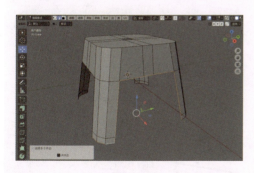
图 2-81

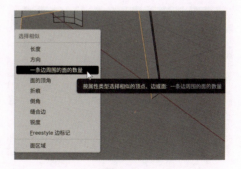
图 2-82

⑬ 使用"沿法向挤出"工具对所选择的边线进行挤出，制作出图 2-84 所示的模型效果。

⑭ 选择图 2-85 所示的边线，使用"移动"工具将其调整至图 2-86 所示位置。

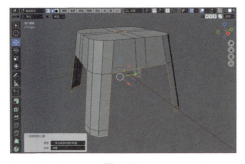
图 2-83

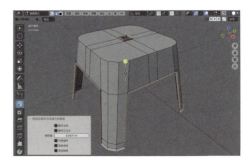
图 2-84

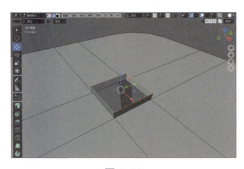
图 2-85

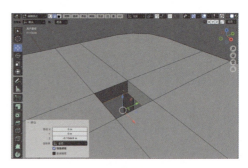
图 2-86

⓯ 选择图 2-87 所示的 3 条边线，按 Shift+G 键，在弹出的"选择相似"菜单中执行"面的顶角"命令，如图 2-88 所示，选中图 2-89 所示的边线。

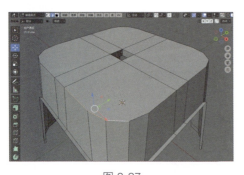
图 2-87

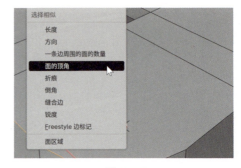
图 2-88

⓰ 使用"倒角"工具对选中的边线进行倒角，制作出图 2-90 所示的模型效果。
⓱ 使用同样的操作方法对儿童凳模型中心孔洞附近的边线进行倒角，制作出图 2-91 所示的模型效果。

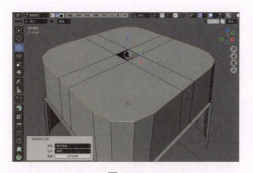
图 2-89

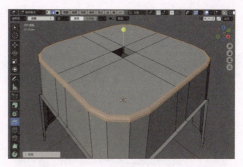
图 2-90

⓲ 在"物体模式"下,为儿童凳模型添加"实体化"修改器,设置"厚(宽)度"为 0.03m,如图 2-92 所示。

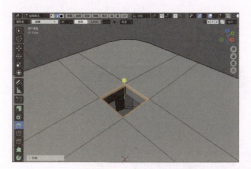
图 2-91

图 2-92

⓳ 设置完成后,可以看到儿童凳模型整体厚度增加了一点,如图 2-93 所示。

⓴ 为儿童凳模型添加"表面细分"修改器,设置"视图层级"为 3、"渲染"为 3,如图 2-94 所示。

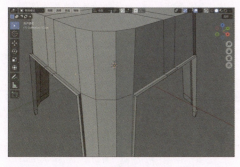
图 2-93

图 2-94

㉑ 选择儿童凳模型，单击鼠标右键，在弹出的"物体"菜单中执行"平滑着色"命令，如图 2-95 所示。

㉒ 在"大纲视图"编辑器中，更改模型的名称为"儿童凳"，如图 2-96 所示。

图 2-95　　　　　　　　　　　　　　图 2-96

本实例最终的模型效果如图 2-97 所示。

图 2-97

学习完本实例后，读者可以尝试使用该方法制作形态相似的凳子模型。

2.4.4　实例：制作哑铃模型

实例介绍

本实例主要讲解如何通过柱体制作哑铃模型，最终渲染效果如图 2-98 所示。

图 2-98

> 🔍 **思路分析**
>
> 先思考如何制作出哑铃模型一侧的效果，然后使用"镜像"修改器左右对称制作出另一侧的模型即可。

▶ **步骤演示**

① 启动 Blender 4.0，将场景中自带的立方体模型删除，执行"添加 > 网格 > 柱体"菜单命令，如图 2-99 所示，在场景中创建一个柱体模型。

② 在"添加柱体"卷展栏中，设置"顶点"为 12、"半径"为 0.05m、"深度"为 0.04m、"旋转 X"为 90°，如图 2-100 所示。

③ 设置完成后，柱体模型的视图显示效果如图 2-101 所示。

图 2-99

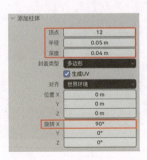

图 2-100

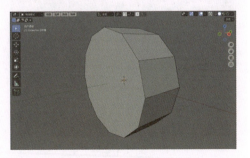

图 2-101

④ 在"编辑模式"下，选择图 2-102 所示的面，使用"内插面"工具制作出图 2-103 所示的模型效果。

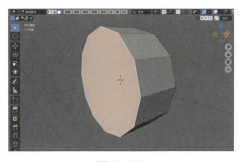
图 2-102

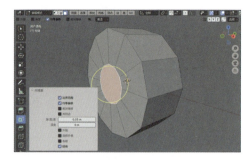
图 2-103

❺ 使用"挤出选区"工具对所选择的面进行多次挤出，制作出图 2-104 所示的模型效果。

❻ 选择图 2-105 所示的边线，使用"倒角"工具制作出图 2-106 所示的模型效果。

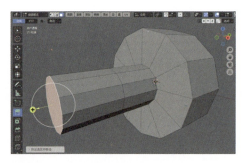
图 2-104

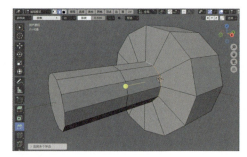
图 2-105

❼ 选择图 2-107 所示的边线，使用"缩放"工具调整其至图 2-108 所示位置。

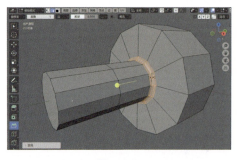
图 2-106

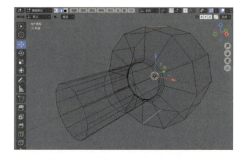
图 2-107

❽ 选择图 2-109 所示的边线，使用"倒角"工具制作出图 2-110 所示的模型效果。

❾ 在图 2-111 所示的角度观察哑铃模型，使用"切割"工具制作出图 2-112 所示的模型效果。

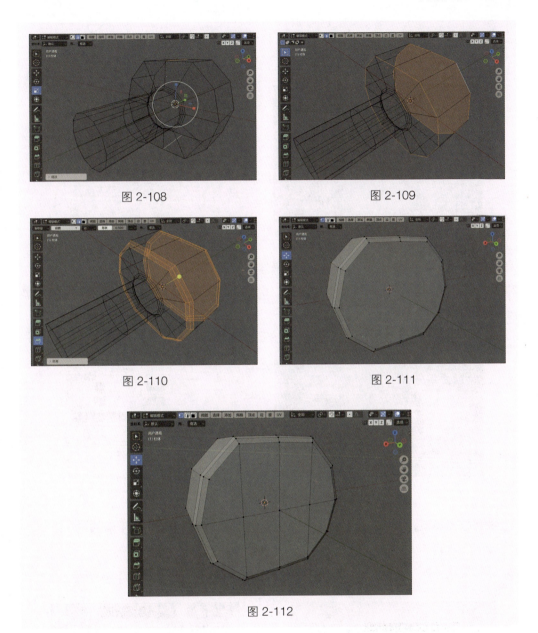

图 2-108　　　　　　　　　图 2-109

图 2-110　　　　　　　　　图 2-111

图 2-112

> **技巧与提示**
>
> 　　有关"切割"工具的具体操作方法,读者可以通过观看本小节对应的教学视频进行学习。

❿ 选择模型的所有面,使用"移动"工具将其调整至图 2-113 所示位置。

⑪ 在"物体模式"下，为哑铃模型添加"镜像"修改器，设置"轴向"为Z、"切分"为Z、"翻转"为Z，如图2-114所示。

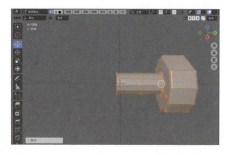

图 2-113

图 2-114

⑫ 设置完成后，哑铃模型的视图显示效果如图2-115所示。

⑬ 为哑铃模型添加"表面细分"修改器，设置"视图层级"为3、"渲染"为3，如图2-116所示。

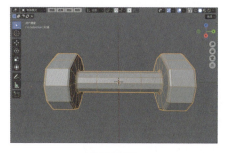

图 2-115

图 2-116

⑭ 选择哑铃模型，单击鼠标右键，在弹出的"物体"菜单中执行"平滑着色"命令，如图2-117所示。

⑮ 在"大纲视图"编辑器中，更改模型的名称为"哑铃"，如图2-118所示。

图 2-117

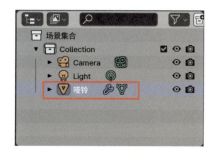

图 2-118

本实例最终的模型效果如图 2-119 所示。

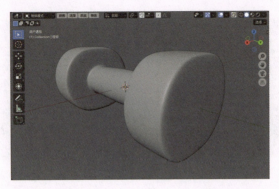

图 2-119

> **举一反三** 学习完本实例后,读者可以尝试使用该方法制作与哑铃形态相似的其他体育器材模型。

2.4.5 实例:制作立体文字模型

实例介绍

本实例主要讲解如何通过文本制作立体文字模型,最终渲染效果如图2-120所示。

图 2-120

思路分析

先思考文本的内容及字体,然后制作出文字模型的立体效果。

▶ 步骤演示

❶ 启动 Blender 4.0,将场景中自带的立方体模型删除,执行"添加>文本"菜单命令,

如图 2-121 所示。在场景中创建一个文本，如图 2-122 所示。

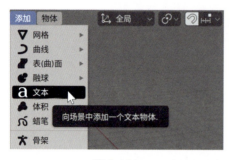

图 2-121　　　　　　　　　　　　　图 2-122

❷ 按 Tab 键，进入"编辑模式"，文本最后一个字母后面会显示一条蓝色的线，如图 2-123 所示。重新输入文字，更改文本的内容，如图 2-124 所示。

图 2-123　　　　　　　　　　　　　图 2-124

❸ 设置完文本的内容后，按 Tab 键切换至"物体模式"，在"数据"面板中，展开"几何数据"卷展栏，设置"挤出"为 0.1m，如图 2-125 所示。

❹ 设置完成后，文字模型的视图显示效果如图 2-126 所示。

图 2-125　　　　　　　　　　　　　图 2-126

❺ 在"倒角"卷展栏中,设置"深度"为 0.01m,如图 2-127 所示。
❻ 设置完成后,文字模型的边缘处会产生明显的倒角效果,如图 2-128 所示。

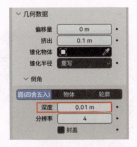

图 2-127

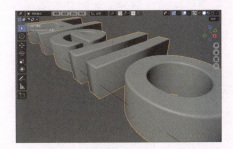

图 2-128

❼ 对文字模型进行旋转,如图 2-129 所示。
❽ 在"字体"卷展栏中,单击"常规"后面文件夹形状的"打开字体文件"按钮,如图 2-130 所示。

图 2-129

图 2-130

❾ 在弹出的"Blender 文件视图"窗口中,选择一个 Windows 系统自带的字体,如图 2-131 所示。单击该窗口下方右侧的"打开字体文件"按钮。
❿ 文字模型的字体产生对应变化,如图 2-132 所示。

图 2-131

图 2-132

⑪ 单击鼠标右键，在弹出的"物体"菜单中执行"转换到 > 网格"命令，如图 2-133 所示。

本实例最终的模型效果如图 2-134 所示。

图 2-133

图 2-134

学习完本实例后，读者可以尝试使用该方法制作各种立体文字模型。

2.4.6　实例：制作石膏模型

实例介绍

本实例主要讲解如何通过锥体和柱体制作石膏模型，最终渲染效果如图 2-135 所示。

图 2-135

思路分析

先使用锥体模型穿过柱体模型，然后将两个模型合并为一个整体。

步骤演示

1. 启动 Blender 4.0，将场景中自带的立方体模型删除，执行"添加 > 网格 > 锥体"菜单命令，如图 2-136 所示，在场景中创建一个锥体模型。

2. 在"添加锥体"卷展栏中，设置"顶点"为 48、"半径 1"为 0.07m、"半径 2"为 0m、"深度"为 0.22m，如图 2-137 所示。

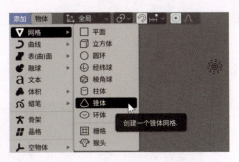

图 2-136　　　　　　　　　　　　图 2-137

3. 设置完成后，锥体模型的视图显示效果如图 2-138 所示。

4. 执行"添加 > 网格 > 柱体"菜单命令，如图 2-139 所示，在场景中创建一个柱体模型。

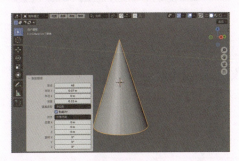
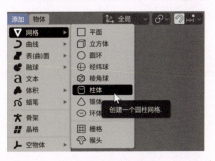

图 2-138　　　　　　　　　　　　图 2-139

5. 在"添加柱体"卷展栏中，设置"顶点"为 32、"半径"为 0.0333m、"深度"为 0.18m、"旋转 X"为 90°，如图 2-140 所示。

6. 设置完成后，微调柱体模型至图 2-141 所示位置。

7. 选择场景中的柱体和锥体模型，单击鼠标右键，在弹出的"物体"菜单中执行"合并"命令，如图 2-142 所示。

8. 在"大纲视图"编辑器中，更改模型的名称为"石膏"，如图 2-143 所示。

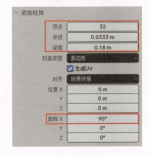

图 2-140

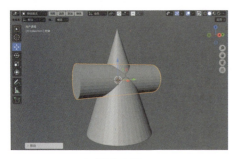
图 2-141

图 2-142

本实例最终的模型效果如图 2-144 所示。

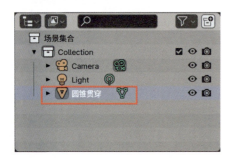
图 2-143

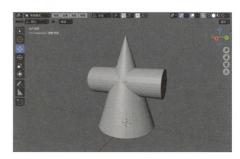
图 2-144

学习完本实例后,读者可以尝试使用该方法制作其他的石膏几何体模型。

2.4.7 实例:制作收纳筐模型

实例介绍

本实例主要讲解如何通过立方体制作带有镂空效果的收纳筐模型,最终渲染效果如图 2-145 所示。

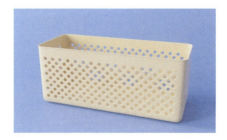

图 2-145

> **思路分析**
> 先使用立方体模型制作出收纳筐的大致形态,然后制作镂空效果。

▶ 步骤演示

❶ 启动 Blender 4.0,选择场景中自带的立方体模型,如图 2-146 所示。

❷ 按 Tab 键,进入"编辑模式",使用"移动"工具调整立方体模型至图 2-147 所示形态。

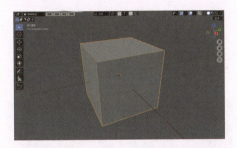
图 2-146

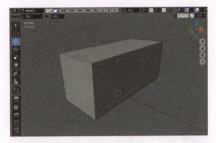
图 2-147

❸ 选择图 2-148 所示的面,将其删除,得到图 2-149 所示的模型效果。

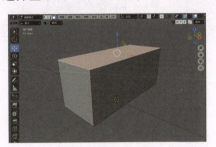
图 2-148

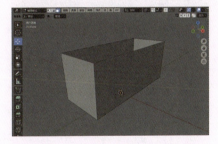
图 2-149

❹ 选择模型的所有边线,使用"倒角"工具制作出图 2-150 所示的模型效果。

❺ 使用"环切"工具依次在模型的 3 个方向上添加边线,如图 2-151 ~ 图 2-153 所示。

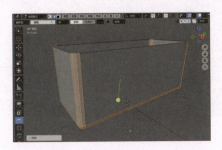
图 2-150

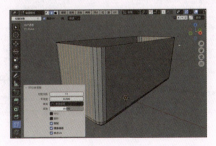
图 2-151

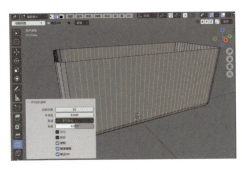

图 2-152　　　　　　　　　图 2-153

❻ 选择图 2-154 所示的面。

❼ 单击鼠标右键，在弹出的"面"菜单中执行"反细分"命令，如图 2-155 所示。

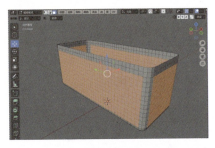 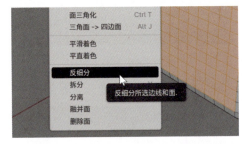

图 2-154　　　　　　　　　图 2-155

❽ 在"反细分"卷展栏中，设置"迭代"为 1，如图 2-156 所示，得到图 2-157 所示的模型效果。

❾ 使用"内插面"工具制作出图 2-158 所示的模型效果。

图 2-156

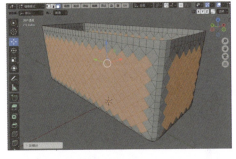 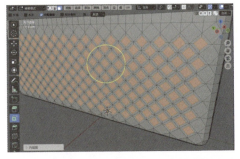

图 2-157　　　　　　　　　图 2-158

❿ 将所选择的面删除，得到图 2-159 所示的模型效果。

⑪ 在"物体模式"下,为收纳筐模型添加"实体化"修改器,如图 2-160 所示,得到图 2-161 所示的模型效果。

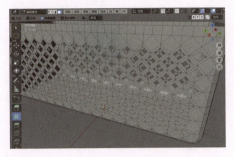

图 2-159

图 2-160

⑫ 选择收纳筐模型,单击鼠标右键,在弹出的"物体"菜单中执行"转换到 > 网格"命令,如图 2-162 所示。

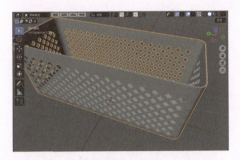

图 2-161

图 2-162

⑬ 在"编辑模式"下,使用"环切"工具为收纳筐模型的顶部添加边线,如图 2-163 所示。

⑭ 选择图 2-164 所示的面,使用"沿法向挤出"工具制作出图 2-165 所示的模型效果。

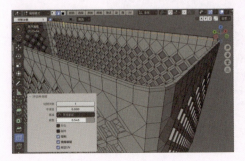

图 2-163

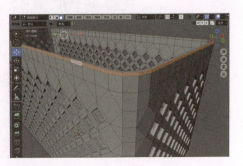

图 2-164

⑮ 在"物体模式"下,为收纳筐模型添加"表面细分"修改器,设置"视图层级"为2,如图 2-166 所示。

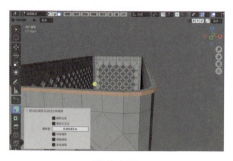

图 2-165

图 2-166

⑯ 选择收纳筐模型,单击鼠标右键,在弹出的"物体"菜单中执行"平滑着色"命令,如图 2-167 所示。

⑰ 在"大纲视图"编辑器中,更改模型的名称为"收纳筐",如图 2-168 所示。

图 2-167

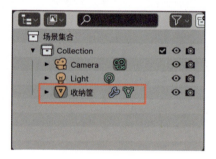

图 2-168

本实例最终的模型效果如图 2-169 所示。

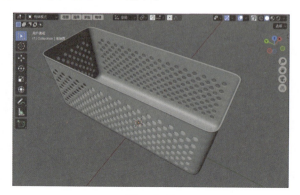

图 2-169

举一反三

学习完本实例后，读者可以尝试使用该方法制作其他带有镂空效果的模型。

2.4.8 实例：制作排球模型

实例介绍

本实例主要讲解如何通过立方体制作排球模型，最终渲染效果如图2-170所示。

图 2-170

思路分析

先使用立方体模型制作出排球的大致形态，然后使用修改器完善模型的细节。

步骤演示

❶ 启动 Blender 4.0，选择场景中自带的立方体模型，如图 2-171 所示。

❷ 在"编辑模式"下，选择图 2-172 所示的两条边线，使用"细分"工具在所选择的两条边线之间连线，如图 2-173 所示。

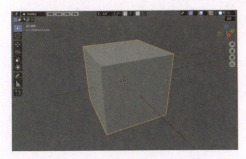
图 2-171

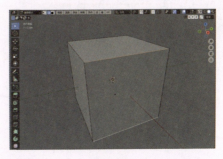
图 2-172

❸ 使用同样的操作方法对其他的边线进行连线，制作出图 2-174 所示的模型效果。

045

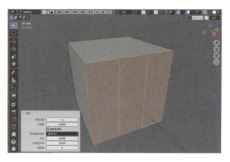
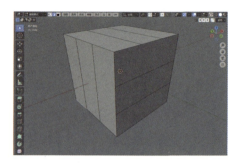

图 2-173　　　　　　　　　　　　　图 2-174

技巧与提示

按 Shift+R 键可以重复上一次操作。

❹ 在"物体模式"下，为立方体模型添加"拆边"修改器，设置"边夹角"为 0°，如图 2-175 所示。

❺ 在"修改器"面板中，为立方体模型添加"表面细分"修改器，设置细分的方式为"简单型"、"视图层级"为 4、"渲染"为 4，如图 2-176 所示。

❻ 在"修改器"面板中，为立方体模型添加"铸型"修改器，设置"系数"为 1，如图 2-177 所示。设置完成后，排球模型的视图显示效果如图 2-178 所示。

  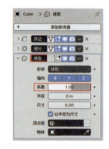

图 2-175　　　　　　　图 2-176　　　　图 2-177

❼ 在"修改器"面板中，为立方体模型添加"实体化"修改器，设置"厚（宽）度"为 -0.4m，如图 2-179 所示。设置完成后，排球模型的视图显示效果如图 2-180 所示。

❽ 选择排球模型，单击鼠标右键，在弹出的"物体"菜单中执行"平滑着色"命令，如图 2-181 所示。

网格建模 第 2 章

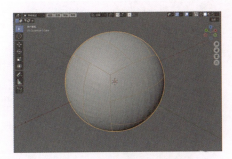

图 2-178

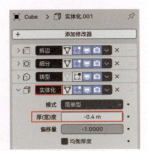

图 2-179

图 2-180

图 2-181

❾ 在"大纲视图"编辑器中，更改模型的名称为"排球"，如图 2-182 所示。本实例最终的模型效果如图 2-183 所示。

图 2-182

图 2-183

学习完本实例后，读者可以尝试使用该方法制作足球模型。

047

第3章

曲线建模

3.1 曲线建模概述

曲线建模，即利用曲线进行模型的创建。Blender 4.0 提供了一种可以使用曲线图形来创建模型的方式，在制作具有某些特殊造型的模型时，使用曲线建模技术会使建模的过程非常简便，而且模型的完成效果也会很理想。图 3-1 所示为使用曲线建模技术制作的晾衣架模型。

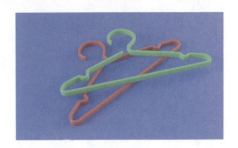

图 3-1

3.2 创建曲线

学习曲线建模之前，应先了解并掌握 Blender 中的各种曲线工具，如图 3-2 所示。如何在场景中创建曲线呢？有关创建曲线的视频详解，可扫描图 3-3 中的二维码观看。

图 3-2

图 3-3

3.3 技术实例

3.3.1 实例：制作碗模型

实例介绍

本实例主要讲解如何通过贝塞尔曲线制作碗模型，最终渲染效果如图 3-4 所示。

图 3-4

思路分析

先观察碗模型的形态,然后思考需要使用哪些命令和工具进行制作。

步骤演示

❶ 启动 Blender 4.0,将场景中自带的立方体模型删除,执行"添加>曲线>贝塞尔曲线"菜单命令,如图 3-5 所示。在场景中创建一条贝塞尔曲线,如图 3-6 所示。

❷ 在"添加贝塞尔曲线"卷展栏中,设置"半径"为 0.1m、"位置 Z"为 0.1m、"旋转 Y"为 90°,如图 3-7 所示。

图 3-5

图 3-6

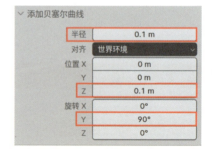

图 3-7

❸ 设置完成后,贝塞尔曲线的视图显示效果如图 3-8 所示。

❹ 在"正交右视图"中,按 Tab 键,进入"编辑模式",如图 3-9 所示。

图 3-8

图 3-9

❺ 选择曲线上的所有顶点，单击鼠标右键，在弹出的"曲线"菜单中执行"设置控制柄类型＞矢量"命令，如图 3-10 所示。设置完成后，曲线的形状如图 3-11 所示。

❻ 选择视图中上方的顶点，按 E 键并移动鼠标指针，单击确定顶点位置，多次操作，从而制作出碗模型的剖面结构，如图 3-12 所示。

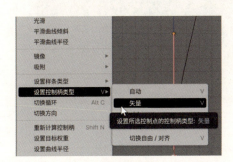
图 3-10

图 3-11

❼ 使用顶点两侧的控制柄来控制曲线的形状，最后将曲线调整至图 3-13 所示形状。

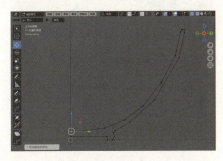
图 3-12

图 3-13

> **技巧与提示**
>
> 使用贝塞尔曲线的控制柄调整曲线形状时，曲线上的顶点越少，越容易控制曲线的弧度。

❽ 在"物体模式"下，为曲线添加"螺旋"修改器。设置"轴向"为 X、"视图步长"为 36、"渲染"为 36，勾选"合并"复选框并设置为 0.001m，如图 3-14 所示。

❾ 设置完成后，碗模型的视图显示效果如图 3-15 所示。

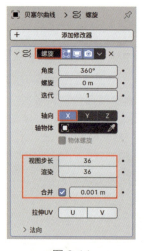
图 3-14

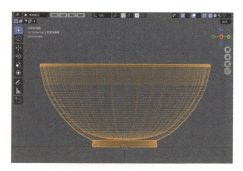
图 3-15

❿ 在"大纲视图"编辑器中，更改模型的名称为"碗"，如图 3-16 所示。

本实例最终的模型效果如图 3-17 所示。

图 3-16

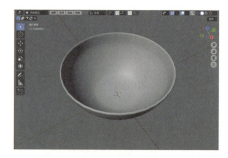
图 3-17

学习完本实例后，读者可以尝试使用该方法制作本书第 2 章中的杯子模型。

3.3.2 实例：制作罐子模型

实例介绍

本实例主要讲解如何通过圆环制作罐子模型，最终渲染效果如图 3-18 所示。

图 3-18

思路分析

先使用圆环构建出罐子的多个剖面结构，再将其转换为网格，制作罐子模型。

步骤演示

❶ 启动 Blender 4.0，将场景中自带的立方体模型删除，执行"添加 > 曲线 > 圆环"菜单命令，如图 3-19 所示，在场景中创建一个贝塞尔圆图形，如图 3-20 所示。

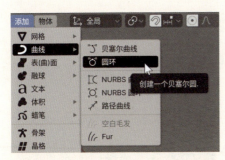

图 3-19

图 3-20

❷ 在"添加贝塞尔圆"卷展栏中，设置"半径"为 0.1m，如图 3-21 所示。

❸ 按 Tab 键，进入"编辑模式"，圆环的视图显示效果如图 3-22 所示。

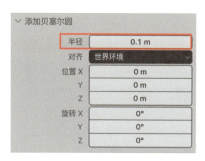

图 3-21

图 3-22

❹ 框选圆环上的所有顶点，单击鼠标右键，在弹出的"曲线"菜单中执行"细分"命令，如图 3-23 所示。

❺ 在"细分"卷展栏中，设置"切割次数"为 2，如图 3-24 所示，得到图 3-25 所示的曲线显示效果。

图 3-23

图 3-24

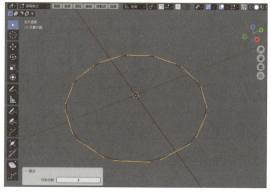

图 3-25

❻ 单击鼠标右键，在弹出的"曲线"菜单中执行"设置样条类型 > 多段线"命令，如图 3-26 所示，得到图 3-27 所示的曲线显示效果。

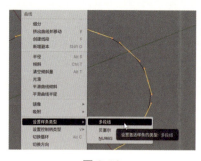

图 3-26

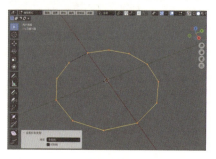

图 3-27

❼ 按 Tab 键，切换至"物体模式"，选择圆环，按 Shift+D 键，再按 Z 键，复制一个圆环并沿 Z 轴向上移动，如图 3-28 所示。

❽ 按 Shift+R 键，再复制 3 个圆环，如图 3-29 所示。

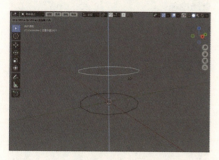
图 3-28

图 3-29

❾ 使用"缩放"工具和"移动"工具调整圆环至图 3-30 所示的大小和位置。

❿ 从下往上依次选择这些圆环，单击鼠标右键，在弹出的"物体"菜单中执行"合并"命令，如图 3-31 所示，将所选择的 5 个圆环合并为一个对象。

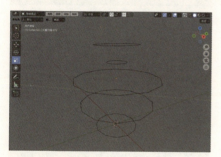
图 3-30

图 3-31

技巧与提示

"合并"操作的快捷键是 Ctrl+J。

⓫ 单击鼠标右键，在弹出的"物体"菜单中执行"转换到 > 网格"命令，如图 3-32 所示，将曲线转换为网格对象。

⓬ 在"编辑模式"下，选择所有的边线，如图 3-33 所示。单击鼠标右键，在弹出的"边"菜单中执行"桥接循环边"命令，如图 3-34 所示，得到图 3-35 所示的模型效果。

⓭ 选择图 3-36 所示的边线，使用"倒角"工具制作出图 3-37 所示的模型效果。

⓮ 选择图 3-38 所示的罐子颈部附近的边线，使用"倒角"工具制作出图 3-39 所示的模型效果。

图 3-32

图 3-33

图 3-34

图 3-35

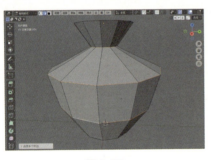

图 3-36

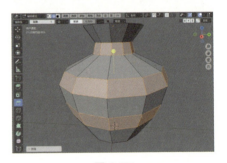

图 3-37

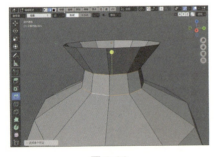

图 3-38

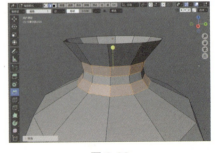

图 3-39

⑮ 选择图 3-40 所示的边线，按 F 键，创建面，得到如图 3-41 所示的模型效果。

图 3-40　　　　　　　　　　　　　　图 3-41

⑯ 使用"倒角"工具对所选择的边线进行倒角，制作出图 3-42 所示的模型效果。

⑰ 在"修改器"面板中，为罐子模型添加"实体化"修改器，如图 3-43 所示，制作出罐子模型的厚度，得到的模型效果如图 3-44 所示。

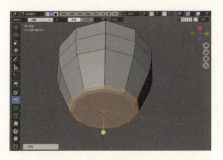 

图 3-42　　　　　　　　　　　　　　图 3-43

⑱ 选择罐子模型，单击鼠标右键，在弹出的"物体"菜单中执行"转换到 > 网格"命令，如图 3-45 所示。

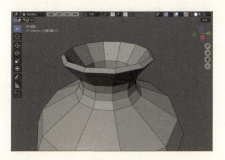 

图 3-44　　　　　　　　　　　　　　图 3-45

⑲ 在"编辑模式"下，选择图 3-46 所示的罐子口附近的边线，使用"倒角"工具制作出图 3-47 所示的模型效果。

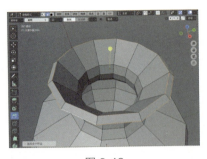
图 3-46

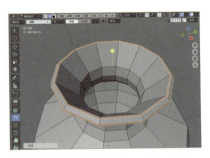
图 3-47

❷⓿ 在"修改器"面板中，为罐子模型添加"表面细分"修改器，设置"视图层级"为2，如图 3-48 所示。

❷❶ 选择罐子模型，单击鼠标右键，在弹出的"物体"菜单中执行"平滑着色"命令，如图 3-49 所示。

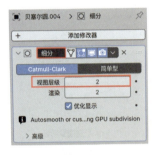
图 3-48

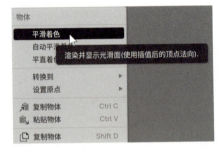
图 3-49

❷❷ 在"大纲视图"编辑器中，更改模型的名称为"罐子"，如图 3-50 所示。

本实例最终的模型效果如图 3-51 所示。

图 3-50

图 3-51

举一反三　　学习完本实例后，读者可以尝试使用该方法制作与本实例罐子形态相似的其他罐子模型。

3.3.3 实例：制作铁丝笔筒模型

实例介绍

本实例主要讲解如何制作铁丝笔筒模型，最终渲染效果如图 3-52 所示。

图 3-52

思路分析

先使用柱体制作出笔筒的大致形态，然后思考使用什么命令和工具来生成铁丝效果。

步骤演示

① 启动 Blender 4.0，执行"编辑 > 偏好设置"菜单命令，如图 3-53 所示。

② 在"Blender 偏好设置"窗口中，在"插件"选项卡中勾选"添加曲线：Extra Objects"复选框，如图 3-54 所示。关闭"Blender 偏好设置"窗口。

图 3-53

图 3-54

技巧与提示

Extra Objects 插件是 Blender 自带的插件，需要手动勾选激活才能使用。

❸ 将场景中自带的立方体模型删除，执行"添加＞网格＞柱体"菜单命令，如图 3-55 所示，在场景中创建一个柱体模型。

❹ 在"编辑模式"下，选择图 3-56 所示的面，将其删除，得到图 3-57 所示的模型效果。

图 3-55

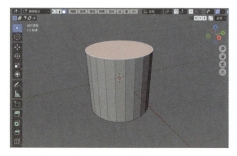

图 3-56

❺ 使用"环切"工具为模型添加边线，如图 3-58 所示。

图 3-57

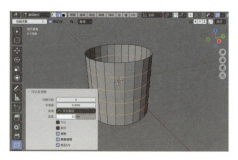

图 3-58

❻ 选择图 3-59 所示的面，使用"倒角"工具制作出图 3-60 所示的模型效果。

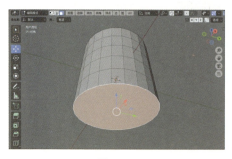

图 3-59

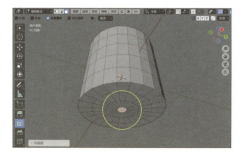

图 3-60

❼ 在"物体模式"下，选中柱体模型，如图 3-61 所示。

❽ 执行"添加 > 曲线 >Knots>Celtic Links"菜单命令，如图 3-62 所示，得到图 3-63 所示的曲线效果。

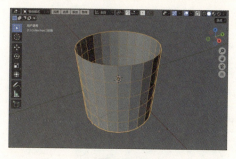

图 3-61

图 3-62

❾ 在"Celtic Links"卷展栏中，设置"倒角深度"为 0.02，如图 3-64 所示。

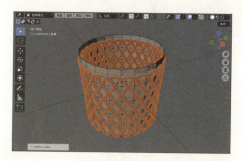

图 3-63

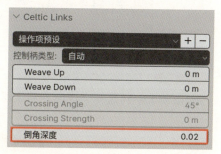

图 3-64

❿ 将场景中的柱体删除后，铁丝笔筒模型制作完成，最终的模型效果如图 3-65 所示。

图 3-65

学习完本实例后，读者可以尝试使用该方法制作其他形状的铁丝模型。

3.3.4 实例：制作球状线团模型

实例介绍

本实例主要讲解如何制作球状线团模型，最终渲染效果如图 3-66 所示。

图 3-66

思路分析

先在场景中创建一个球体，然后思考使用什么命令来生成随机的线团效果。

步骤演示

❶ 启动 Blender 4.0，将场景中自带的立方体模型删除，执行"添加 > 网格 > 经纬球"菜单命令，如图 3-67 所示。在场景中创建一个球体，如图 3-68 所示。

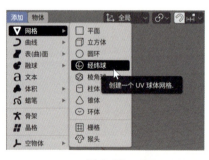

图 3-67

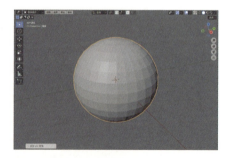

图 3-68

❷ 选择球体，执行"添加 > 曲线 >Knots>Bounce Spline"菜单命令，如图 3-69 所示；根据所选择的模型生成曲线效果，如图 3-70 所示。

❸ 在"Bounce Spline"卷展栏中，设置"Bounces"为 500、"随机种"为 5，如图 3-71 所示。

图 3-69

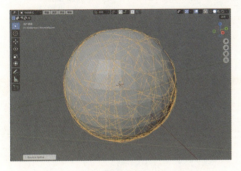

图 3-70

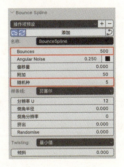

图 3-71

❹ 将场景中的球体隐藏,曲线的视图显示效果如图 3-72 所示。

❺ 在"数据"面板中,展开"几何数据"卷展栏内的"倒角"卷展栏,设置"深度"为 0.02m,如图 3-73 所示。

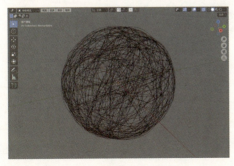

图 3-72

图 3-73

❻ 在"大纲视图"编辑器中,更改模型的名称为"球状线团",如图 3-74 所示。本实例最终的模型效果如图 3-75 所示。

图 3-74

图 3-75

学习完本实例后,读者可以尝试使用该方法制作其他形状的线团模型。

3.3.5 实例:制作曲别针模型

【实例介绍】

本实例主要讲解如何通过贝塞尔曲线制作兔子形状的曲别针模型,最终渲染效果如图 3-76 所示。

图 3-76

【思路分析】

先使用贝塞尔曲线绘制出兔子的形状,然后调整线条的粗细。

【步骤演示】

❶ 启动 Blender 4.0,将场景中的自带的立方体模型删除,执行"添加 > 曲线 > 贝塞尔曲线"菜单命令,如图 3-77 所示。在场景中创建一条贝塞尔曲线,如图 3-78 所示。

图 3-77

图 3-78

❷ 在"正交顶视图"中,按 Tab 键,进入"编辑模式",如图 3-79 所示。

❸ 框选曲线上的所有顶点,单击鼠标右键,在弹出的"曲线"菜单中执行"设置控制柄类型 > 矢量"命令,如图 3-80 所示。

图 3-79

图 3-80

❹ 选择左侧的顶点,按 E 键并移动鼠标指针,单击顶点的位置,多次操作,从而绘制出兔子的形状,如图 3-81 所示。

❺ 通过曲线上每个顶点两侧的控制手柄微调曲线,制作出图 3-82 所示的效果。

图 3-81

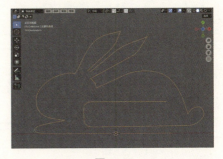
图 3-82

❻ 在"数据"面板中,展开"几何数据"卷展栏内的"倒角"卷展栏,设置"深度"

为0.02m，勾选"封盖"复选框，如图3-83所示。

❼ 设置完成后，可以看到场景中的曲线变粗了，如图3-84所示。

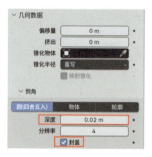
图 3-83

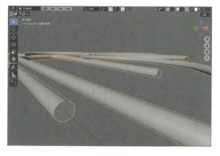
图 3-84

❽ 在"大纲视图"编辑器中，更改模型的名称为"曲别针"，如图3-85所示。本实例最终的模型效果如图3-86所示。

图 3-85

图 3-86

学习完本实例后，读者可以尝试使用该方法制作其他形状的曲别针模型。

第 4 章

雕刻建模

4.1 雕刻建模概述

雕刻建模是指在三维软件中以雕刻的方式对模型进行塑形,相较于传统的网格建模技术,使用雕刻建模技术时,用户如果使用手绘板实操,能得到更好的操作体验。Blender 4.0 提供了多种雕刻工具,用于帮助用户制作细节丰富的模型效果。制作时,可以先使用网格建模技术制作出模型的大致形态,再切换至"雕刻模式",使用雕刻工具来细化模型。此外,也可以在软件启动界面新建文件时,直接选择创建雕刻文件,如图 4-1 所示;这样,打开软件工作界面后,可以看到场景中创建了一个球体模型,而不是立方体模型,如图 4-2 所示。

图 4-1

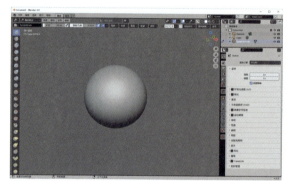

图 4-2

4.2 雕刻建模基础操作

在"雕刻模式"下,工作界面左侧的工具栏中会自动显示与雕刻有关的笔刷工具。有关雕刻建模基础操作的视频详解,可扫描图 4-3 中的二维码观看。

图 4-3

4.3 技术实例

4.3.1 实例：雕刻坐垫模型

实例介绍

本实例主要讲解如何通过"布料滤镜"笔刷雕刻坐垫模型，最终渲染效果如图 4-4 所示。

图 4-4

思路分析

先使用立方体模型制作出坐垫的基本形态，然后使用"布料滤镜"笔刷进行褶皱雕刻。

步骤演示

❶ 启动 Blender 4.0，将场景中自带的立方体模型删除，执行"添加 > 网格 > 立方体"菜单命令，如图 4-5 所示，在场景中重新创建一个立方体模型。

❷ 在"添加立方体"卷展栏中，设置"尺寸"为 0.3m，如图 4-6 所示。

图 4-5

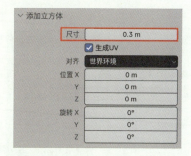

图 4-6

❸ 在"编辑模式"下，使用"移动"工具调整模型至如图 4-7 所示的形态。

❹ 使用"环切"工具多次为模型添加边线，得到的模型效果如图 4-8～图 4-10 所示。

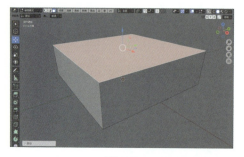

图 4-7

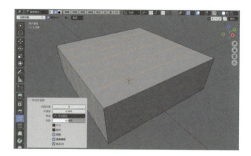

图 4-8

图 4-9

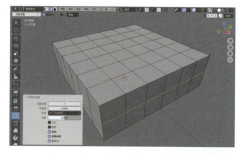

图 4-10

❺ 选择图 4-11 所示的顶点，单击鼠标右键，在弹出的"顶点"菜单中执行"顶点倒角"命令，如图 4-12 所示，制作出图 4-13 所示的模型效果。

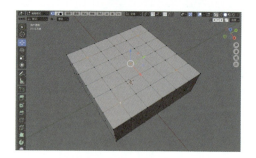

图 4-11

图 4-12

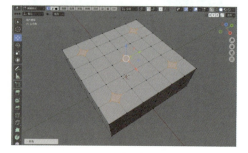

图 4-13

❻ 选择图 4-14 所示的边线，使用"倒角"工具制作出图 4-15 所示的模型效果。

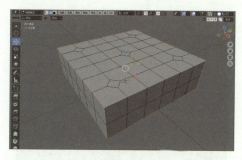
图 4-14

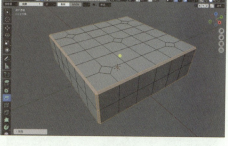
图 4-15

❼ 选择图 4-16 所示的面，退出"编辑模式"。

❽ 在"修改器"面板中，为坐垫模型添加"表面细分"修改器，设置"视图层级"为 3，如图 4-17 所示。

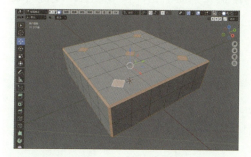
图 4-16

图 4-17

❾ 选择坐垫模型，单击鼠标右键，在弹出的"物体"菜单中执行"转换到 > 网格"命令，如图 4-18 所示。

❿ 在"雕刻模式"下，执行"面组 > 从编辑模式选中项创建面组"菜单命令，如图 4-19 所示。设置完成后，坐垫模型的视图显示效果如图 4-20 所示。

图 4-18

图 4-19

⑪ 将鼠标指针放置在模型的绿色面上，按 Ctrl+Alt+W 键，可以收缩面组，如图 4-21 所示。

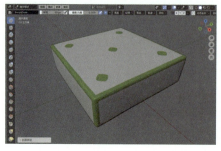

图 4-20

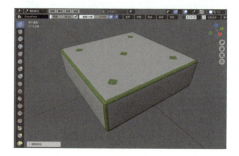

图 4-21

> **技巧与提示**
>
> 　　当鼠标指针置于面组面上时，按 Ctrl+W 键可扩展面组，按 Ctrl+Alt+W 键可收缩面组，当鼠标指针没有放到面组面上时，这两个操作不起作用。
> 　　此外，面组的显示颜色为随机效果。

⑫ 选择"布料滤镜"笔刷，在"活动工具"卷展栏中，设置"过滤类型"为"膨胀"，勾选"使用面组"复选框，如图 4-22 所示。

⑬ 将鼠标指针置于绿色面组的面上，向左侧缓缓拖动鼠标，制作出图 4-23 所示的模型效果。

图 4-22

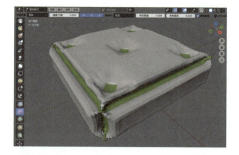

图 4-23

⑭ 将鼠标指针放置于非面组的面上，向右侧缓缓拖动鼠标，制作出图 4-24 所示的模型效果。

⑮ 在"物体模式"下，在"修改器"面板中再次为坐垫模型添加"表面细分"修改器，设置"视图层级"为 2，如图 4-25 所示。

图 4-24

图 4-25

⑯ 选择坐垫模型，单击鼠标右键，在弹出"物体"菜单中执行"平滑着色"命令，如图 4-26 所示，可以得到更加平滑的模型效果，如图 4-27 所示。

⑰ 执行"添加 > 网格 > 柱体"菜单命令，如图 4-28 所示，在场景中创建一个柱体模型。

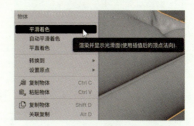

图 4-26

图 4-27

图 4-28

⑱ 在"添加柱体"卷展栏中，设置"顶点"为 16、"半径"为 0.01m、"深度"为 0.01m，如图 4-29 所示。

⑲ 设置完成后，调整柱体模型至图 4-30 所示位置。

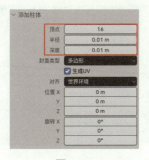

图 4-29

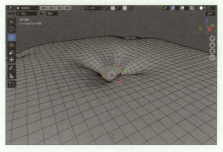

图 4-30

⑳ 在"修改器"面板中,为柱体模型添加"表面细分"修改器,设置"视图层级"为 2,如图 4-31 所示。

㉑ 设置完成后,柱体模型的视图显示效果如图 4-32 所示。

图 4-31

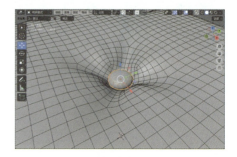

图 4-32

㉒ 对场景中的柱体模型进行复制,并分别调整至图 4-33 所示位置,完成坐垫模型的制作。

㉓ 在"视图着色方式"卷展栏中,设置"光照"为"快照材质",在下方的材质球上单击,即可在弹出的菜单中选择需要的材质球,如图 4-34 所示。

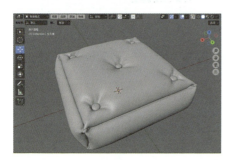

图 4-33

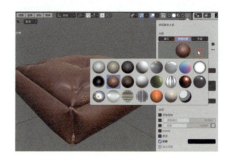

图 4-34

图 4-35 ～图 4-38 所示分别为坐垫模型在不同材质下的视图显示效果。

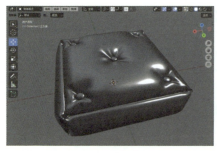

图 4-35

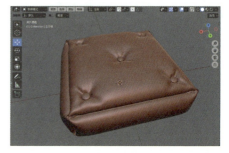

图 4-36

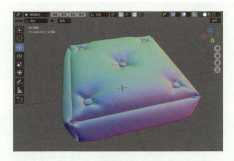
图 4-37

图 4-38

学习完本实例后，读者可以尝试使用该方法雕刻其他形状的坐垫模型。

4.3.2 实例：雕刻石头模型

实例介绍

本实例主要讲解如何通过"刮削"笔刷和"多平面刮削"笔刷雕刻石头模型，最终渲染效果如图 4-39 所示。

图 4-39

思路分析

先使用立方体模型制作出石头的基本形态，然后使用"刮削"笔刷和"多平面刮削"笔刷进行雕刻。

步骤演示

❶ 启动 Blender 4.0，将场景中自带的立方体模型删除，执行"添加 > 网格 > 柱体"菜单命令，如图 4-40 所示，在场景中创建一个柱体模型。

❷ 在"添加柱体"卷展栏中,设置"顶点"为6,如图4-41所示。

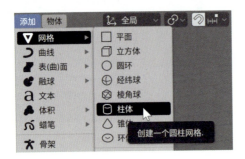

图 4-40

图 4-41

❸ 设置完成后,柱体模型的视图显示结果效图4-42所示。

❹ 在"编辑模式"下,使用"移动"工具调整柱体模型上顶点的位置,制作出图4-43所示的模型效果,调整出石头的大致形状。

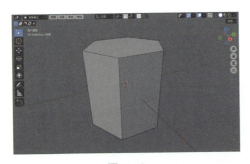

图 4-42

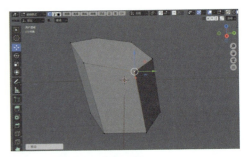

图 4-43

❺ 切换至"雕刻模式",如图4-44所示。

❻ 单击工作界面上方右侧的"重构网格",设置"体素大小"为0.01m,单击下方的"重构网格"按钮,如图4-45所示。

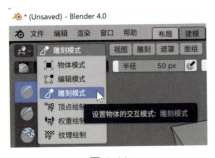

图 4-44

图 4-45

❼ 设置完成后,可以看到场景中石头模型的面数增加了许多,如图4-46所示。

❽ 使用"刮削"笔刷刮掉石头模型的边缘，得到的模型效果如图 4-47 所示。

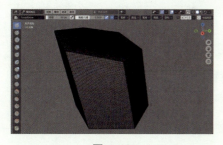
图 4-46

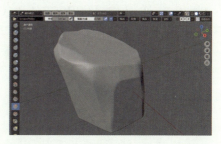
图 4-47

❾ 使用"多平面刮削"笔刷为石头模型雕刻出较为尖锐的边缘，得到的模型效果如图 4-48 所示。

本实例最终的模型效果如图 4-49 所示。

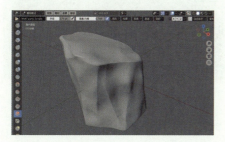
图 4-48

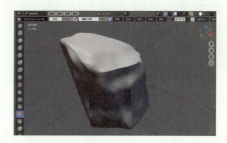
图 4-49

学习完本实例后，读者可以尝试使用该方法雕刻其他形状的石头模型。

4.3.3 实例：雕刻带字石块模型

实例介绍

本实例主要讲解如何通过"刮削"笔刷雕刻带字的石块模型，最终渲染效果如图 4-50 所示。

图 4-50

> **思路分析**
>
> 先使用立方体模型制作出石块的基本形态，然后使用"刮削"笔刷雕刻文字。

步骤演示

① 启动 Blender 4.0，选择场景中自带的立方体模型，按 Tab 键，进入"编辑模式"，如图 4-51 所示。

② 调整立方体模型上的顶点位置，更改立方体模型至图 4-52 所示形状，制作出石块模型的大致形态。

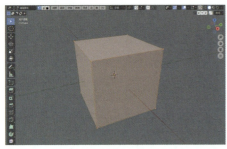 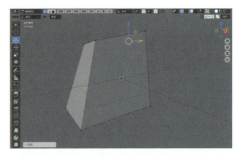

图 4-51　　　　　　　　　　　　　图 4-52

③ 在"雕刻模式"下，单击工作界面上方右侧的"重构网格"，设置"体素大小"为 0.01m，单击下方的"重构网格"按钮，如图 4-53 所示。

④ 设置完成后，可以看到场景中石块模型的面数增加了许多，如图 4-54 所示。

 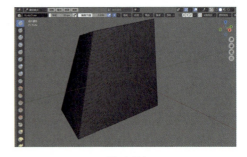

图 4-53　　　　　　　　　　　　　图 4-54

⑤ 使用"刮削"笔刷对石块模型的边缘进行雕刻，如图 4-55 所示。

⑥ 将视图切换至"正交右视图"，如图 4-56 所示。

⑦ 在"工具"面板中展开"纹理"卷展栏，单击"新建"按钮，如图 4-57 所示。

⑧ 新建纹理后，在"纹理"面板中，单击"打开"按钮，如图 4-58 所示，选择本地计算机中的"学.jpg"贴图文件，如图 4-59 所示。

雕刻建模 第 4 章

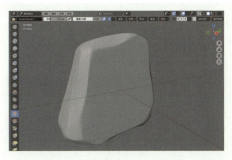

图 4-55

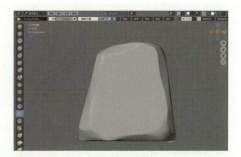

图 4-56

图 4-57

图 4-58

图 4-59

❾ 在"纹理"卷展栏中，设置"映射"为"镂版"，如图 4-60 所示。将鼠标指针置于视图中即可看到贴图的显示效果，如图 4-61 所示。

图 4-60

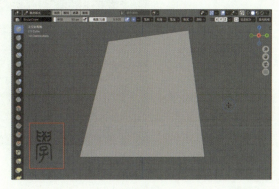

图 4-61

❿ 按住鼠标右键，拖动贴图至图 4-62 所示位置。
⓫ 设置笔刷的"强度 / 力度"为 0.2，如图 4-63 所示。
⓬ 在石块模型上单击，即可雕刻出文字效果，如图 4-64 所示。

079

图 4-62　　　　　　　　　　　图 4-63

⓭ 在"修改器"面板中，为石块模型添加"表面细分"修改器，设置"渲染"为1，如图 4-65 所示。

图 4-64　　　　　　　　　　　图 4-65

本实例最终的模型效果如图 4-66 所示。

图 4-66

学习完本实例后，读者可以尝试使用该方法雕刻带有其他图案的石块模型。

第5章

灯光技术

5.1 灯光概述

通常，在学习三维软件的建模技术之后就开始接触灯光，因为有时需要将做好的模型渲染一下，方便查看模型的最终视觉效果，这就离不开灯光。将灯光知识的讲解放在材质前面是因为如果没有理想的照明环境，那么再好看的材质也无法渲染出来。所以，在学习材质技术之前，熟练掌握灯光的设置尤为重要！学习灯光技术时，首先要对模拟的灯光环境有所了解，建议读者多留意生活中的光影现象并拍下照片作为项目制作时的重要参考素材。图 5-1～图 5-4 所示为生活中有关光影特效的照片素材。

图 5-1

图 5-2

图 5-3

图 5-4

5.2 blender 灯光

Blender 4.0 提供了多种不同类型的灯光，如图 5-5 所示。有关灯光基本参数的视频详解，可扫描图 5-6 中的二维码观看。

图 5-5

图 5-6

5.3 技术实例

5.3.1 实例：制作静物灯光照明效果

实例介绍

本实例将通过面光制作室内静物的灯光照明效果，图 5-7 所示为本实例的最终效果。

图 5-7

思路分析

先观察静物的灯光照明效果，再思考选择哪个灯光工具进行制作。

步骤演示

❶ 启动 Blender 4.0，打开本书配套资源中的"罐子.blend"文件，场景中将显示一个罐子模型（预先设置好了材质和摄像机的位置），如图 5-8 所示。

❷ 执行"添加 > 灯光 > 面光"菜单命令，如图 5-9 所示，在场景中创建面光，如图 5-10 所示。

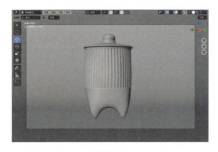

图 5-8　　　　　　　　　　　　　　　　图 5-9

❸ 在"用户透视"视图中，调整灯光的位置和方向，如图 5-11 所示。

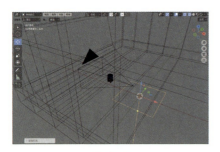
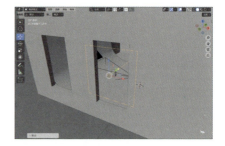

图 5-10　　　　　　　　　　　　　　　图 5-11

技巧与提示

　　本实例涉及一些有关摄像机切换的知识，更多有关摄像机的设置，请读者参考第 7 章进行学习。

❹ 在"灯光"卷展栏中，设置"形状"为"长方形"，如图 5-12 所示。
❺ 在"正交前视图"中，调整面光至图 5-13 所示大小。

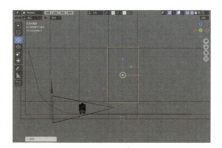

图 5-12　　　　　　　　　　　　　　　图 5-13

❻ 按 Alt+D 键，再按 X 键，复制面光并调整其至图 5-14 所示位置。

❼ 在"渲染"面板中，设置"渲染引擎"为"Cycles"，设置"渲染"卷展栏中的"最大采样"为 1024，如图 5-15 所示。

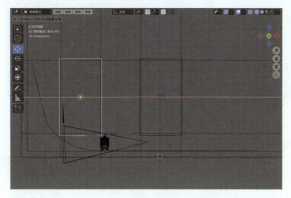

图 5-14　　　　　　　　　　　　　　　　图 5-15

技巧与提示

"渲染"卷展栏中的"最大采样"的默认值为 4096，渲染图像所需的时间较长，可以适当减小"最大采样"的值，有效缩短渲染时间。

❽ 切换回"摄像机透视"视图，设置 3D 视图的显示方式为"渲染预览"，渲染预览效果如图 5-16 所示。

❾ 在"灯光"卷展栏中，设置"能量"为 150W，如图 5-17 所示。设置完成后，渲染预览效果如图 5-18 所示。

图 5-16　　　　　　　　　　　　　　　　图 5-17

⑩ 执行"渲染 > 渲染图像"菜单命令，本实例的最终渲染效果如图 5-19 所示。

图 5-18　　　　　　　　　　图 5-19

⑪ 在"Blender 渲染"窗口中，执行"图像 > 保存"菜单命令，在弹出的"Blender 文件视图"窗口中，设置保存文件的"文件格式"为"PNG"，设置"压缩"为 0%，如图 5-20 所示。单击"保存为图像"按钮，渲染图像将保存在本地硬盘上。

图 5-20

技巧与提示

保存图像时，可以先选择要保存文件的格式，如图 5-21 所示，然后输入文件名，最后保存文件。

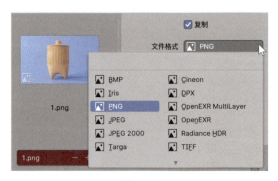

图 5-21

学习完本实例后，读者可以尝试将前几章制作的模型导入该场景进行图像渲染。

5.3.2 实例：制作体积光照明效果

实例介绍

本实例将通过聚光制作体积光照明效果，图 5-22 所示为本实例的最终效果。

图 5-22

思路分析

先观察生活中的体积光的照明效果，再思考选择哪个灯光工具进行制作。

步骤演示

❶ 启动 Blender 4.0，打开本书配套资源中的"猴头.blend"文件，场景中将显示一个铁丝模型（预先设置好了材质和摄像机的位置），如图 5-23 所示。

图 5-23

> **技巧与提示**
>
> 铁丝模型的制作，读者可以参考第 3 章对应的内容进行学习。

❷ 执行"添加 > 灯光 > 聚光"菜单命令，在场景中创建聚光，如图 5-24 所示。

❸ 在"正交后视图"中，调整灯光至图 5-25 所示位置。

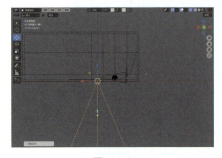 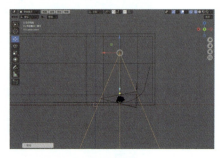

图 5-24　　　　　　　　　　　　　　图 5-25

❹ 在"正交右视图"中，调整灯光至图 5-26 所示位置和角度。

❺ 在"渲染"面板中，设置"渲染引擎"为"Cycles"，设置"渲染"卷展栏中的"最大采样"为 1024，如图 5-27 所示。

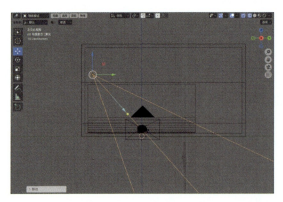 

图 5-26　　　　　　　　　　　　　　图 5-27

❻ 切换回"摄像机透视"视图，设置 3D 视图的显示方式为"渲染预览"，渲染预览效果如图 5-28 所示。

❼ 在"灯光"卷展栏中，设置"能量"为 1000W，在"光束形状"卷展栏中，设置"光斑尺寸"为 10°、"混合"为 0.3，如图 5-29 所示。设置完成后，渲染预览效果如图 5-30 所示。

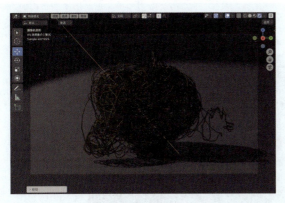

图 5-28　　　　　　　　　　　图 5-29

❽ 渲染场景，渲染效果如图 5-31 所示。

图 5-30　　　　　　　　　　　图 5-31

❾ 在"世界环境"面板中，单击"体积"后面的绿色圆点按钮，在弹出的菜单中执行"体积散射"命令，如图 5-32 所示。

❿ 在"体积"卷展栏中，设置"密度"为 0.8，如图 5-33 所示。

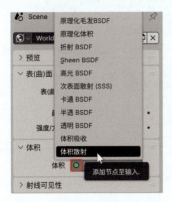

图 5-32　　　　　　　　　　　图 5-33

⑪ 渲染场景，本实例的最终渲染效果如图 5-34 所示。

图 5-34

学习完本实例后，读者可以尝试更换 IES 文件模拟多种不同的射灯照明效果。

5.3.3 实例：制作室内天光照明效果

实例介绍

本实例将通过面光制作室内天光照明效果，图 5-35 所示为本实例的最终效果。

图 5-35

思路分析

先观察室内天光的照明效果，再思考选择哪个灯光工具进行制作。

步骤演示

1. 启动 Blender 4.0，打开本书配套资源中的"客厅.blend"文件，场景中将显示一组家具模型（预先设置好了材质和摄像机的位置），如图 5-36 所示。
2. 执行"添加＞灯光＞面光"菜单命令，在场景中创建面光，如图 5-37 所示。

图 5-36

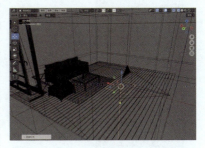

图 5-37

3. 在"用户透视"视图中，调整面光至图 5-38 所示位置和方向。
4. 在"灯光"卷展栏中，设置"形状"为"长方形"，如图 5-39 所示。

图 5-38

图 5-39

5. 在"正交后视图"中，调整面光至图 5-40 所示大小。
6. 按 Alt+D 键，再按 X 键，复制面光并调整至图 5-41 所示位置。

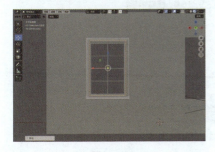

图 5-40

图 5-41

❼ 在"渲染"面板中，设置"渲染引擎"为"Cycles"，设置"渲染"卷展栏中的"最大采样"为1024，如图5-42所示。

❽ 切换回"摄像机透视"视图，设置3D视图的显示方式为"渲染预览"，渲染预览效果如图5-43所示。

图 5-42　　　　　　　　　　　图 5-43

❾ 选择面光，在"灯光"卷展栏中，设置"能量"为200W，如图5-44所示。设置完成后，渲染预览效果如图5-45所示。

图 5-44　　　　　　　　　　　图 5-45

❿ 执行"渲染 > 渲染图像"菜单命令，本实例的最终渲染效果如图5-46所示。

图 5-46

举一反三

学习完本实例后,读者可以尝试制作其他的室内天光照明效果。

5.3.4 实例:制作室内阳光照明效果

实例介绍

本实例使用上一实例用到的场景文件讲解如何制作阳光透过窗户照射进室内的效果,最终渲染效果如图 5-47 所示。

图 5-47

思路分析

先观察室内阳光的照明效果,再思考选择哪个灯光工具进行制作。

步骤演示

❶ 启动 Blender 4.0,打开本书配套资源中的"客厅.blend"文件,场景中将显示一组家具模型(预先设置好了材质和摄像机的位置),如图 5-48 所示。

❷ 在"世界环境"面板中,单击"颜色"后面的黄色圆点按钮,如图 5-49 所示。

图 5-48

图 5-49

❸ 在弹出的菜单中执行"天空纹理"命令,如图 5-50 所示。

❹ 在"渲染"面板中,设置"渲染引擎"为"Cycles",设置"渲染"卷展栏中的"最

大采样"为 1024，如图 5-51 所示。

图 5-50

图 5-51

❺ 切换回"摄像机透视"视图，设置 3D 视图的显示方式为"渲染预览"，渲染预览效果如图 5-52 所示。

❻ 在"表（曲）面"卷展栏中，设置"太阳高度"为 25°、"太阳旋转"为 350°，如图 5-53 所示，调整太阳的大小和太阳在天空中的位置。

图 5-52

图 5-53

❼ 设置完成后，渲染预览效果如图 5-54 所示。

❽ 执行"渲染 > 渲染图像"菜单命令，本实例的最终渲染效果如图 5-55 所示。

图 5-54

图 5-55

学习完本实例后，读者可以尝试制作室外阳光照明效果。

第6章

材质与纹理

6.1 材质概述

Blender 4.0 提供了功能丰富的材质编辑系统，用于模拟自然界中各种物体的质感。赋予三维模型材质，可使渲染出来的作品仿佛原本就存在于真实的世界。Blender 4.0 中的"原理化 BSDF"着色器包含了物体的表面纹理、高光、透明度、自发光、反射及折射等多种属性，要想利用这些属性制作出逼真的材质纹理效果，读者应多多观察真实世界中的物体的质感、特征。图 6-1 ～图 6-4 所示为生活中几种较为常见的材质的照片。

图 6-1

图 6-2

图 6-3

图 6-4

6.2 常用材质着色器

"原理化 BSDF"着色器是 Blender 4.0 中的功能强大的材质着色器类型，就像 3ds Max 中的"物理材质"、Maya 中的"标准曲面材质"和 Cinema 4D 中的"默认材质"一样,使用该材质着色器可以制作出日常生活中的绝大部分材质,如陶瓷、金属、玻璃等。除了"原理化 BSDF"着色器外,Blender 4.0 还提供了许多其他类型的材质着色器,如图 6-5 所示。其中,有关"原理化 BSDF"着色器的视频详解,可扫描图 6-6 中的二维码观看。

图 6-5

图 6-6

6.3 常用材质节点

Blender 4.0 提供了大量的材质节点,用来模拟自然界中常见对象的表面纹理,如图 6-7 所示。其中,有关常用材质节点的视频详解,可扫描图 6-8 中的二维码观看。

图 6-7

图 6-8

6.4 技术实例

6.4.1 实例：使用"玻璃 BSDF"着色器制作玻璃材质

实例介绍

本实例主要讲解如何使用"玻璃 BSDF"着色器制作玻璃材质，最终渲染效果如图 6-9 所示。

图 6-9

思路分析

先观察生活中的玻璃类物品的质感和特征，再思考需要调整哪些参数进行制作。

步骤演示

❶ 打开本书配套资源中的"玻璃材质.blend"文件，本实例使用的是一组简单的室内模型，主要包含一组瓶子模型以及简单的配景模型，并且已经设置好了灯光效果及摄像机位置等，如图 6-10 所示。

❷ 选择场景中的瓶子模型，如图 6-11 所示。

图 6-10

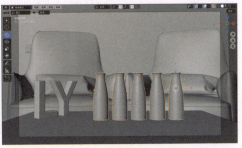
图 6-11

❸ 在"材质"面板中，单击"新建"按钮，如图 6-12 所示，为所选择的模型新建材质。更改材质的名称为"玻璃"，如图 6-13 所示。

图 6-12

图 6-13

❹ 在"表(曲)面"卷展栏中，设置"表(曲)面"为"玻璃 BSDF"，设置"颜色"为浅蓝色、"糙度"为 0，如图 6-14 所示。其中，"颜色"的 RGB 值设置如图 6-15 所示。

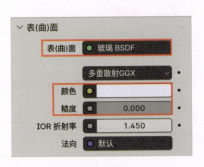
图 6-14

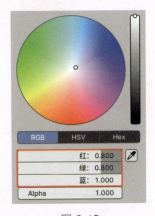
图 6-15

❺ 设置完成后，在"预览"卷展栏中预览材质的显示效果，如图 6-16 所示。
❻ 渲染场景，本实例最终的渲染效果如图 6-17 所示。

图 6-16

图 6-17

学习完本实例后，读者可以尝试使用该方法制作其他颜色的玻璃材质效果。

6.4.2　实例：使用"光泽 BSDF"着色器制作金属材质

实例介绍

本实例主要讲解如何使用"光泽 BSDF"着色器制作金属材质，最终渲染效果如图 6-18 所示。

图 6-18

思路分析

先观察生活中的金属类物品的质感和特征，再思考需要调整哪些参数进行制作。

步骤演示

❶ 打开本书配套资源中的"金属材质.blend"文件，本实例使用的是一个简单的室内模型，主要包含一个花瓶模型以及简单的配景模型，并且已经设置好了灯光效果及摄像机位置等，如图 6-19 所示。

❷ 选择场景中的花瓶模型，如图 6-20 所示。

图 6-19

图 6-20

❸ 在"材质"面板中，为花瓶模型新建材质并更改材质的名称为"金属"，如图 6-21 所示。

❹ 在"表（曲）面"卷展栏中，设置"表（曲）面"为"光泽 BSDF"，设置"糙度"为 0.25，如图 6-22 所示。

图 6-21

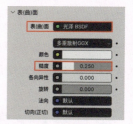
图 6-22

❺ 设置完成后，渲染场景，渲染效果如图 6-23 所示，可以看到花瓶模型具有磨砂质感的银色金属材质效果。

❻ 在"表（曲）面"卷展栏中，设置"颜色"为橙黄色、"糙度"为 0.05，如图 6-24 所示。其中，"颜色"的 RGB 值设置如图 6-25 所示。

图 6-23

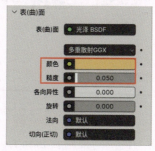
图 6-24

图 6-25

❼ 设置完成后，在"预览"卷展栏中预览材质的显示效果，如图6-26所示。

❽ 渲染场景，本实例最终的渲染效果如图6-27所示。

图6-26

图6-27

 学习完本实例后，读者可以尝试使用该方法制作其他类型的金属材质效果。

6.4.3 实例：使用"原理化BSDF"着色器制作陶瓷材质

实例介绍

本实例主要讲解如何使用"原理化BSDF"着色器制作陶瓷材质，最终渲染效果如图6-28所示。

图6-28

思路分析

先观察生活中的陶瓷类物品的质感和特征，再思考需要调整哪些参数进行制作。

步骤演示

❶ 打开本书配套资源中的"陶瓷材质.blend"文件，本实例使用的是一个简单的室内模型，主要包含一组餐具模型以及简单的配景模型，并且已经设置好了灯光效

果及摄像机位置等，如图 6-29 所示。

❷ 选择场景中的餐具模型，如图 6-30 所示。

图 6-29

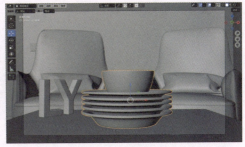
图 6-30

❸ 在"材质"面板中，为餐具模型新建材质并更改材质的名称为"绿色陶瓷"，如图 6-31 所示。

❹ 在"表（曲）面"卷展栏中，设置"基础色"为绿色、"糙度"为 0.05，如图 6-32 所示。其中，"基础色"的 RGB 值设置如图 6-33 所示。

图 6-31

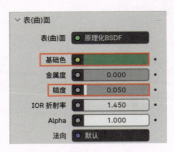
图 6-32

图 6-33

❺ 渲染场景，绿色陶瓷材质的渲染效果如图 6-34 所示。

❻ 在"编辑模式"下，选择图 6-35 所示的面。

图 6-34

图 6-35

❼ 在"材质"面板中，单击"添加材质槽"按钮，如图 6-36 所示。
❽ 选择新建的材质槽，单击"新建"按钮，如图 6-37 所示。

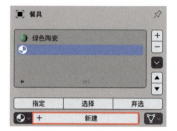

图 6-36　　　　　　　　　　　　图 6-37

❾ 新建材质并更改材质的名称为"红色陶瓷"，单击"指定"按钮，如图 6-38 所示，为所选择的面指定新建的"红色陶瓷"材质。

❿ 在"表（曲）面"卷展栏中，设置"基础色"为红色、"糙度"为 0.05，如图 6-39 所示。其中，"基础色"的 RGB 值设置如图 6-40 所示。

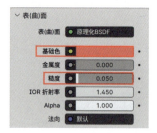

图 6-38　　　　　　　　　　　　图 6-39

⓫ 渲染场景，本实例最终的渲染效果如图 6-41 所示。

图 6-40　　　　　　　　　　　　图 6-41

学习完本实例后，读者可以尝试使用该方法制作其他类型的陶瓷效果。

6.4.4 实例：使用"原理化 BSDF"着色器制作玉石材质

实例介绍

本实例主要讲解如何使用"原理化 BSDF"着色器制作玉石材质，最终渲染效果如图 6-42 所示。

图 6-42

思路分析

先观察生活中的玉石类物品的质感和特征，再思考需要调整哪些参数进行制作。

步骤演示

❶ 打开本书配套资源中的"玉石材质.blend"文件，本实例使用的是一个简单的室内模型，主要包含一个摆件模型以及简单的配景模型，并且已经设置好了灯光效果及摄像机位置等，如图 6-43 所示。

❷ 选择场景中的摆件模型，如图 6-44 所示。

图 6-43

图 6-44

❸ 在"材质"面板中，为所选择的模型新建材质并更改材质的名称为"玉石"，如图 6-45 所示。

❹ 在"表（曲）面"卷展栏中，设置"基础色"为绿色、"糙度"为 0，在"Subsurface"

卷展栏中，设置"权重"为1、"缩放"为1m，如图6-46所示。其中，"基础色"的RGB值设置如图6-47所示。

图6-45　　　　　　　　图6-46　　　　　　　　图6-47

⑤ 设置完成后，在"预览"卷展栏中预览材质的显示效果，如图6-48所示。

⑥ 渲染场景，本实例最终的渲染效果如图6-49所示。

图6-48　　　　　　　　　　　　图6-49

技巧与提示

"缩放"值越小，玉石材质的透光效果越不明显；反之"缩放"值越大，透光效果越明显。图6-50所示为"缩放"值分别是0.1和1的渲染效果对比。

图6-50

学习完本实例后，读者可以尝试使用该方法制作其他颜色的玉石效果。

6.4.5 实例：使用"颜色渐变"节点制作随机颜色材质

实例介绍

本实例主要讲解如何使用"颜色渐变"节点制作随机颜色材质，最终渲染效果如图 6-51 所示。

图 6-51

思路分析

先观察生活中的不同颜色的物体的特征，如不同颜色的糖果，不同颜色的积木等，再思考需要调整哪些参数进行制作。

步骤演示

❶ 打开本书配套资源中的"随机材质.blend"文件，本实例使用的是一个简单的室内模型，主要包含多个杯子模型以及简单的配景模型，并且已经设置好了灯光效果及摄像机位置等，如图 6-52 所示。

❷ 选择场景中的任意杯子模型，如图 6-53 所示。

图 6-52

图 6-53

❸ 在"材质"面板中，为所选杯子模型新建材质并更改材质的名称为"随机颜色"，如图 6-54 所示。

④ 在"表（曲）面"卷展栏中，单击"基础色"后面的黄色圆点按钮，如图 6-55 所示。在弹出的菜单中执行"颜色渐变"命令，如图 6-56 所示。

图 6-54

图 6-55

图 6-56

⑤ 在"表（曲）面"卷展栏中设置渐变色，如图 6-57 所示，再单击"系数"后面的灰色圆点按钮。在弹出的菜单中执行"物体信息 > 随机"命令，如图 6-58 所示。

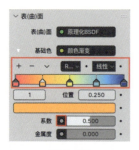
图 6-57

图 6-58

⑥ 设置完成后，在"着色器编辑器"中查看该材质的节点连接情况，如图 6-59 所示。

图 6-59

⑦ 渲染场景，杯子模型的渲染效果如图 6-60 所示。

❽ 将该材质指定给场景中的其他杯子模型，再次渲染场景，如图 6-61 所示。可以看到场景中的 7 个杯子模型使用的是同一个材质，但渲染出来的颜色效果却是随机的。

图 6-60

图 6-61

◎ 技巧与提示

读者可以随意更改"颜色渐变"节点中的颜色及控制点的数量，以得到更加随机的效果。

学习完本实例后，读者可以思考这个随机颜色材质可以应用在哪些地方。

6.4.6 实例：使用"凹凸"节点制作凹凸瓷碗材质

◎ 实例介绍

本实例主要讲解如何使用"凹凸"节点制作带有凹凸效果的瓷碗材质，最终渲染效果如图 6-62 所示。

图 6-62

◎ 思路分析

先观察生活中带有凹凸质感的物体的特征，再思考需要调整哪些参数进行制作。

> 步骤演示

❶ 打开本书配套资源中的"凹凸材质.blend"文件，本实例使用的是一个简单的室内模型，主要包含一个瓷碗模型以及简单的配景模型，并且已经设置好了灯光效果及摄像机位置等，如图 6-63 所示。

❷ 选择场景中的瓷碗模型，如图 6-64 所示。

图 6-63

图 6-64

❸ 在"材质"面板中，为所选择的模型新建材质并更改材质的名称为"凹凸瓷碗"，如图 6-65 所示。

❹ 在"表（曲）面"卷展栏中，设置"基础色"为蓝色、"糙度"为 0.1，单击"法向"后面的蓝色圆点按钮，如图 6-66 所示。在弹出的菜单中执行"凹凸"命令，如图 6-67 所示。其中，"基础色"的 RGB 值设置如图 6-68 所示。

图 6-65

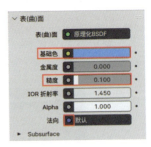

图 6-66

图 6-67

图 6-68

❺ 单击"高度"后面的灰色圆点按钮，如图 6-69 所示。在弹出的菜单中执行"沃罗诺伊纹理 > 距离"命令，如图 6-70 所示。设置完成后，本场景的渲染预览效果如图 6-71 所示。

图 6-69

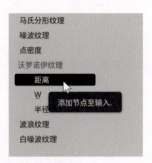

图 6-70

❻ 在"表（曲）面"卷展栏中，设置"强度/力度"为 0.3、"缩放"为 10，如图 6-72 所示。设置完成后，在"预览"卷展栏中预览材质的显示效果，如图 6-73 所示。

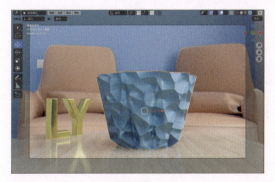

图 6-71

图 6-72

❼ 渲染场景，本实例最终的渲染效果如图 6-74 所示。

图 6-73

图 6-74

学习完本实例后，读者可以尝试使用该方法制作其他带有凹凸效果的材质。

6.4.7 实例：使用"图像纹理"节点制作木纹材质

实例介绍

本实例主要讲解如何使用"图像纹理"节点制作木纹材质，最终渲染效果如图 6-75 所示。

图 6-75

思路分析

先观察生活中的木制品的质感和特征，再思考需要调整哪些参数进行制作。

步骤演示

❶ 打开本书配套资源中的"木纹材质.blend"文件，本实例使用的是一个简单的室内模型，主要包含一个工艺品模型以及简单的配景模型，并且已经设置好了灯光效果及摄像机位置等，如图 6-76 所示。

❷ 选择场景中的工艺品模型，如图 6-77 所示。

图 6-76

图 6-77

❸ 在"材质"面板中,为所选择的模型新建材质并更改材质的名称为"木纹",如图 6-78 所示。

❹ 在"表(曲)面"卷展栏中,设置"糙度"为 0.2,单击"基础色"后面的黄色圆点按钮,如图 6-79 所示。在弹出的菜单中执行"图像纹理"命令,如图 6-80 所示。

图 6-78

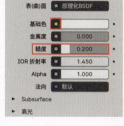
图 6-79

图 6-80

❺ 单击"打开"按钮,如图 6-81 所示。为"基础色"添加"木纹 -1.png"贴图,如图 6-82 所示。设置完成后,木纹材质的渲染预览效果如图 6-83 所示。

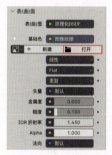
图 6-81

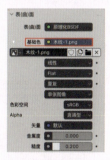
图 6-82

图 6-83

❻ 执行"添加 > 空物体 > 立方体"菜单命令,在场景中创建一个立方体形状的空物体,如图 6-84 所示。

❼ 在"用户透视"视图中,调整空物体至图 6-85 所示位置和大小。

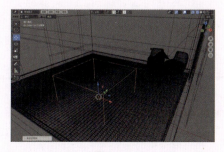
图 6-84

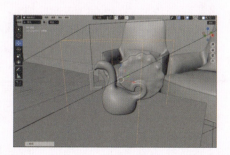
图 6-85

❽ 选择工艺品模型，在"表（曲）面"卷展栏中，单击"矢量"后面的圆点按钮，如图6-86所示。在弹出的菜单中执行"纹理坐标>物体"命令，如图6-87所示。

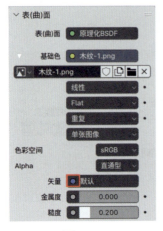

图 6-86

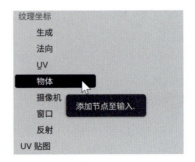

图 6-87

❾ 在"透视视图"中，调整空物体的位置和角度以控制木纹的贴图效果，如图6-88所示。

❿ 渲染场景，本实例最终的渲染效果如图6-89所示。

图 6-88

图 6-89

学习完本实例后，读者可以尝试使用该方法制作其他类似的木纹材质。

6.4.8 实例：使用"菲涅尔"节点制作X射线材质

实例介绍

本实例主要讲解如何使用"菲涅尔"节点制作X射线材质，最终渲染效果如图6-90所示。

材质与纹理 第 6 章

图 6-90

> **思路分析**
> 先观察与 X 射线相关的图像的特点，再思考需要调整哪些参数进行制作。

步骤演示

❶ 打开本书配套资源中的 "射线材质.blend" 文件，本实例使用的是一个简单的室内模型，主要包含一个耳机模型以及简单的配景模型，并且已经设置好了灯光效果及摄像机位置等，如图 6-91 所示。

❷ 选择场景中的耳机模型，如图 6-92 所示。

图 6-91

图 6-92

❸ 在 "材质" 面板中，为耳机模型新建材质并更改材质的名称为 "X 射线"，如图 6-93 所示。

❹ 在 "表（曲）面" 卷展栏中，设置 "基础色" 为蓝色，单击 "Alpha" 后面的灰色圆点按钮，如图 6-94 所示。在弹出的菜单中执行 "菲涅尔" 命令，如图 6-95 所示。其中，"基础色" 的 RGB 值设置如图 6-96 所示。

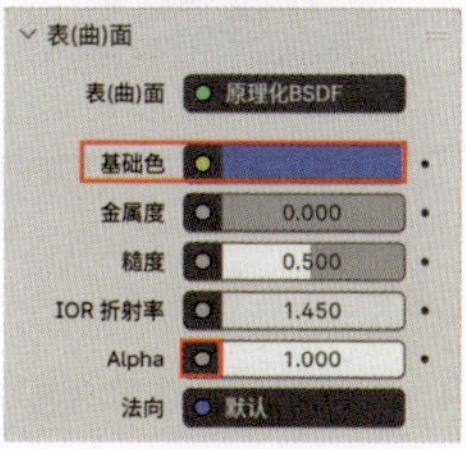

图 6-93

图 6-94

115

图 6-95

图 6-96

❺ 在"表(曲)面"卷展栏中,设置"菲涅尔"的"IOR 折射率"为 1.1,如图 6-97 所示。

❻ 在"自发光(发射)"卷展栏中,设置"颜色"为蓝色、"强度/力度"为 20,如图 6-98 所示。其中,"颜色"的 RGB 值设置如图 6-96 所示。

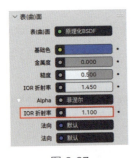

图 6-97

图 6-98

❼ 设置完成后,在"预览"卷展栏中预览材质的显示效果,如图 6-99 所示。

❽ 渲染场景,本实例最终的渲染效果如图 6-100 所示。

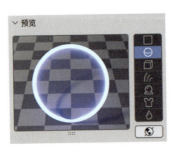

图 6-99

图 6-100

学习完本实例后,读者可以尝试使用该方法制作其他颜色的 X 射线材质。

第7章 摄像机技术

7.1 摄像机概述

Blender 4.0 中的摄像机的参数与现实中的摄像机非常相似，如焦距、光圈、快门、曝光等，如果读者是摄影爱好者，那么学习本章的内容将会非常容易。新建场景文件时，Blender 4.0 会自动在场景中添加一个摄像机，当然，用户也可以根据需要为场景创建多个摄像机，用来从多个角度记录场景。学习摄像机技术前，读者最好学习一些构图方面的知识，以便更好地将作品展示出来。图 7-1 和图 7-2 所示为编者日常生活中练习构图所拍摄的画面。

图 7-1

图 7-2

7.2 创建摄像机

新建场景文件后，场景中会自动添加一个摄像机，如图 7-3 所示。如何使用这个摄像机呢？又如何在场景中创建新的摄像机呢？有关摄像机的视频详解，可扫描图 7-4 中的二维码观看。

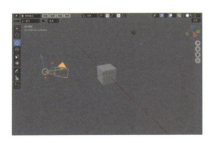
图 7-3

图 7-4

7.3 技术实例

7.3.1 实例：创建摄像机

实例介绍

本实例主要讲解摄像机的创建方法以及如何调整摄像机的位置，本实例的渲染效果如图 7-5 所示。

图 7-5

思路分析

先观察一些构图优秀的图片，再进行摄像机的位置调整。

步骤演示

❶ 打开本书配套资源中的"室内.blend"文件，该场景是一个室内空间，空间内摆放了一些简单的家具模型，并且已经设置好了材质及灯光效果，如图 7-6 所示。

❷ 在"正交左视图"中，执行"添加 > 摄像机"菜单命令，在场景中创建一个摄像机，如图 7-7 所示。

图 7-6

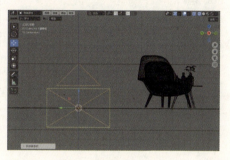

图 7-7

❸ 在"正交顶视图"中，调整摄像机至图 7-8 所示位置。

❹ 在"正交前视图"中，调整摄像机至图 7-9 所示位置。

图 7-8

图 7-9

❺ 设置完成后，单击"切换摄像机视角"按钮，如图 7-10 所示；切换至"摄像机透视"视图，如图 7-11 所示。

图 7-10

图 7-11

❻ 在"变换"卷展栏中，摄像机的位置设置如图 7-12 所示，微调摄像机的拍摄角度。调整好的"摄像机透视"视图如图 7-13 所示。

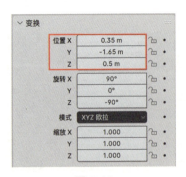

图 7-12

图 7-13

⑦ 执行"渲染>渲染图像"菜单命令,渲染场景,本实例最终的渲染效果如图7-14所示。

图 7-14

> **举一反三** 学习完本实例后,读者可以尝试使用该方法多设置几个摄像机,从不同角度渲染场景。

7.3.2 实例:制作景深效果

实例介绍

本实例将使用上一小节的场景来制作景深效果,图7-15所示为本实例的最终渲染效果。

图 7-15

思路分析

先观察一些带有景深效果的照片,再思考使用哪些参数进行制作。

步骤演示

❶ 打开本书配套资源中的"室内 - 完成.blend"文件，如图 7-16 所示。

❷ 按 Z 键，在弹出的菜单中执行"渲染"命令，如图 7-17 所示。场景的渲染预览效果如图 7-18 所示。

图 7-16

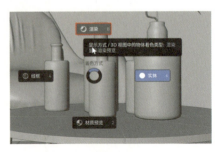

图 7-17

❸ 选择摄像机，在"数据"面板中勾选"景深"复选框，如图 7-19 所示。

图 7-18

图 7-19

❹ 观察场景的渲染预览效果，默认景深效果如图 7-20 所示，可以看到画面出现了一定的模糊效果。

❺ 执行"添加 > 空物体 > 纯轴"菜单命令，在场景中创建一个名称为"空物体"的纯轴，如图 7-21 所示。

图 7-20

图 7-21

❻ 在"正交顶视图"中，调整纯轴至图 7-22 所示位置。

❼ 在"景深"卷展栏中，设置纯轴为"焦点物体"，纯轴的名称会出现在"焦点物体"文本框中，如图 7-23 所示。

图 7-22

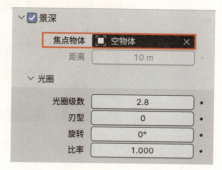

图 7-23

> **技巧与提示**
>
> 空物体的位置决定了画面中清晰的地方。读者也可以尝试将空物体移至椅子模型处，会得到椅子清晰但瓶子虚化的景深效果。

❽ 设置完成后，观察"摄像机透视"视图，其渲染预览效果如图 7-24 所示。可以看到纯轴位置的瓶子模型渲染效果较清楚，而椅子模型看起来较模糊。

❾ 在"景深"卷展栏中，设置"光圈级数"为 1，如图 7-25 所示，得到背景更加虚化的渲染效果。

图 7-24

图 7-25

❿ 再次渲染场景，本实例最终的渲染效果如图 7-26 所示。

图 7-26

学习完本实例后,读者可以尝试使用该方法制作其他带有景深效果的画面。

第 8 章 渲染

8.1 渲染概述

渲染是三维设计工作流程中的最后阶段，它将设计师的创意和三维模型转化为可以展示给观众的最终视觉作品。高质量的渲染能够显著提升作品的专业度和视觉冲击力。图 8-1 和图 8-2 所示为优秀的三维渲染作品。

图 8-1

图 8-2

8.2 渲染引擎

Blender 4.0 包含 3 种不同的渲染引擎，分别是"EEVEE""工作台"和"Cycles"，如图 8-3 所示。用户可以在"渲染"面板中选择渲染引擎进行渲染，其中，"EEVEE"和"Cycles"渲染引擎可用于项目的最终输出，而"工作台"渲染引擎用于在建模和制作动画期间在视图中预览效果。需要注意的是，在进行材质设置前，需要先规划好使用哪个渲染引擎进行渲染，因为有些材质在不同的渲染引擎中的效果完全不同。有关渲染引擎基本设置的视频详解，可扫描图 8-4 中的二维码观看。

图 8-3

图 8-4

8.3 综合实例：制作室内阳光照明效果

实例介绍

使用 Blender 4.0 可以制作出非常逼真的三维动画场景，将这些虚拟的动画场景与实拍的镜头搭配使用，可以节约大量的成本。本实例使用一个室内场景来详细讲解 Blender 4.0 中的材质、灯光及渲染设置的综合运用，本实例的最终渲染效果如图 8-5 所示。

图 8-5

思路分析

先观察室内环境中的物体质感及光影效果，再进行制作。

步骤演示

打开本书配套资源中的"卧室.blend"文件，该场景中已经设置好模型及摄像机，如图 8-6 所示。通过最终渲染效果可以看出，该场景要表现的光照效果为室内阳光照明效果。下面，首先讲解该场景中的主要材质的制作。

图 8-6

8.3.1 制作地板材质

本实例中的地板模型具有一定的反射及凹凸效果，渲染效果如图 8-7 所示。

❶ 选择场景中的地板模型，如图 8-8 所示。

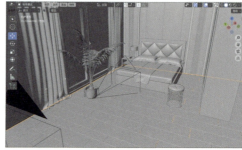

图 8-7　　　　　　　　　　　　　图 8-8

❷ 在"材质"面板中，为地板模型新建材质并更改材质的名称为"地板"，如图 8-9 所示。

❸ 在"表（曲）面"卷展栏中，为"基础色"添加"地板贴图.png"文件，设置"糙度"为 0.2，为"法向"添加"法线贴图"节点，为"颜色"添加"地板法线.png"文件，如图 8-10 所示。

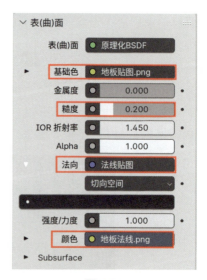

图 8-9　　　　　　　　　　　　　图 8-10

设置完成后，地板材质在"着色器编辑器"中的节点显示效果如图 8-11 所示。

渲染 第 8 章

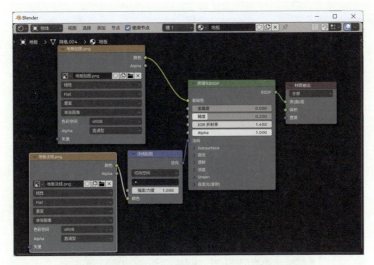

图 8-11

8.3.2 制作金色金属材质

本实例中的凳子模型用到了金色金属材质，渲染效果如图 8-12 所示。

❶ 选择场景中的凳子模型，如图 8-13 所示。

图 8-12

图 8-13

❷ 在"材质"面板中，为凳子模型新建材质并更改材质的名称为"金色金属"，如图 8-14 所示。

❸ 在"表(曲)面"卷展栏中，设置"基础色"为橙黄色、"金属度"为 1、"糙度"为 0.1，如图 8-15 所示。其中，"基础色"的 RGB 值设置如图 8-16 所示。

图 8-14

129

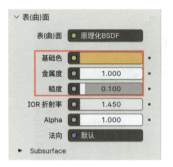
图 8-15

图 8-16

设置完成后,金色金属材质在"着色器编辑器"中的节点显示效果如图 8-17 所示。

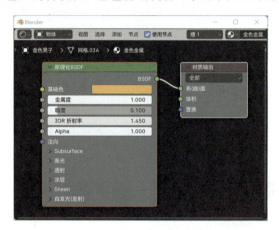
图 8-17

8.3.3 制作花盆材质

本实例中的花盆模型表面具有清晰的凹凸质感,渲染效果如图 8-18 所示。

① 选择场景中的花盆模型,如图 8-19 所示。

图 8-18

图 8-19

❷ 在"材质"面板中,为花盆模型新建材质并更改材质的名称为"花盆",如图 8-20 所示。

❸ 在"表(曲)面"卷展栏中,为"基础色"添加"花盆.png"文件,设置"糙度"为 0.2,为"法向"添加"法线贴图"节点,为"颜色"添加"花盆法线.png"文件,如图 8-21 所示。

图 8-20

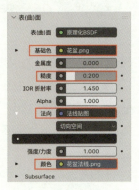

图 8-21

设置完成后,地板材质在"着色器编辑器"中的节点显示效果如图 8-22 所示。

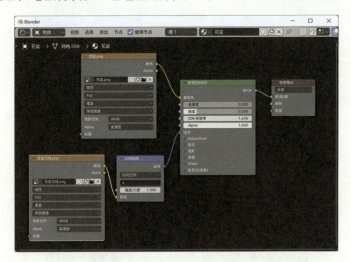

图 8-22

8.3.4 制作环境材质

本实例中窗外的环境通过设置环境材质来实现,渲染效果如图 8-23 所示。

❶ 选择场景中的环境模型,如图 8-24 所示。

图 8-23　　　　　　　　　　　　　　图 8-24

❷ 在"材质"面板中，为环境模型新建材质并更改材质的名称为"环境"，如图 8-25 所示。

❸ 在"表（曲）面"卷展栏中，为"基础色"添加"环境.jpg"文件，在"自发光（发射）"卷展栏中，为"颜色"添加"环境.jpg"文件，设置"强度/力度"为 1，如图 8-26 所示。

 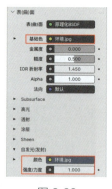

图 8-25　　　　　　　　　　　　　　图 8-26

设置完成后，环境材质在"着色器编辑器"中的节点显示效果如图 8-27 所示。

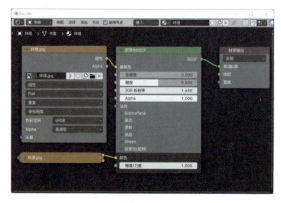

图 8-27

8.3.5 制作窗户玻璃材质

本实例中的窗户玻璃模型具有一定的反射效果，渲染效果如图 8-28 所示。

❶ 选择场景中的窗户玻璃模型，如图 8-29 所示。

图 8-28

图 8-29

❷ 在"材质"面板中，为窗户玻璃模型新建材质并更改材质的名称为"窗户玻璃"，如图 8-30 所示。

❸ 在"表(曲)面"卷展栏中，设置"糙度"为 0，在"透射"卷展栏中，设置"权重"为 1，如图 8-31 所示。

图 8-30

设置完成后，窗户玻璃材质在"着色器编辑器"中的节点显示效果如图 8-32 所示。

图 8-31

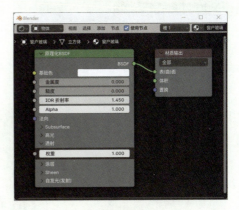

图 8-32

8.3.6 制作床板材质

本实例中的床板材质的渲染效果如图 8-33 所示。

❶ 选择场景中的双人床模型，如图 8-34 所示。

图 8-33　　　　　　　　　　　　　　　图 8-34

❷ 在"材质"面板中，为双人床模型新建材质并更改材质的名称为"床板"，如图 8-35 所示。

❸ 在"表（曲）面"卷展栏中，设置"基础色"为暗红色，如图 8-36 所示。其中，"基础色"的 RGB 值设置如图 8-37 所示。

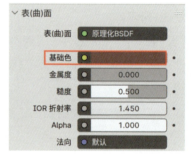

图 8-35　　　　　　　　　　　　　　　图 8-36

设置完成后，床板材质在"着色器编辑器"中的节点显示效果如图 8-38 所示。

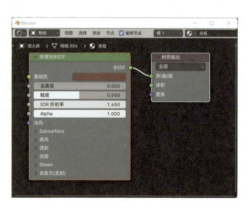

图 8-37　　　　　　　　　　　　　　　图 8-38

8.3.7 制作阳光照明效果

❶ 在"世界环境"面板的"表（曲）面"卷展栏中，单击"颜色"后面的黄色圆点按钮，如图 8-39 所示。

❷ 在弹出的菜单中执行"天空纹理"命令，如图 8-40 所示。

图 8-39

图 8-40

❸ 在"渲染"面板中，设置"渲染引擎"为"Cycles"，设置"渲染"卷展栏中的"最大采样"为 1024，如图 8-41 所示。

❹ 在"表（曲）面"卷展栏中，设置"太阳高度"为 35°、"太阳旋转"为 –5°、"强度 / 力度"为 2，如图 8-42 所示。

图 8-41

图 8-42

设置完成后，场景的渲染预览效果如图 8-43 所示。

❺ 在"输出"面板的"格式"卷展栏中，设置"分辨率 X"为 1300px、"分辨率 Y"为 800px，如图 8-44 所示。

❻ 设置完成后，渲染场景，本实例最终的渲染效果如图 8-45 所示。

图 8-43

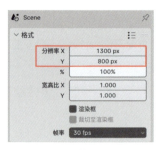

图 8-44

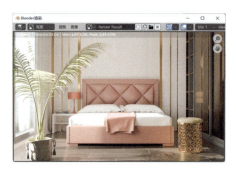

图 8-45

 学习完本实例后,读者可以尝试使用该方法制作一些其他室内环境的表现效果。

8.4 综合实例:制作黑洞效果

实例介绍

使用 Blender 4.0 除了可以制作出效果非常真实的三维动画场景,还可以制作一些科幻场景。本实例将详细讲解如何使用 Blender 4.0 来制作黑洞,最终渲染效果如图 8-46 所示。

图 8-46

渲染 第 8 章

> 思路分析
>
> 先观察一些黑洞相关图片，再进行制作。

8.4.1 制作黑洞模型

▶ 步骤演示

❶ 启动 Blender 4.0，将场景中自带的立方体模型和灯光删除，执行"添加 > 网格 > 棱角球"菜单命令，如图 8-47 所示，在场景中创建一个棱角球网格。

❷ 在"添加棱角球"卷展栏中，设置"细分"为 6，如图 8-48 所示。

图 8-47

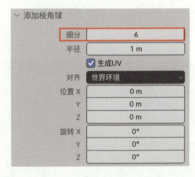
图 8-48

❸ 设置完成后，棱角球网格的视图显示效果如图 8-49 所示。

❹ 在场景中，单击鼠标右键，在弹出的"物体"菜单中执行"平滑着色"命令，如图 8-50 所示，使棱角球网格表面看起来更加平滑。

图 8-49

图 8-50

❺ 执行"添加 > 网格 > 柱体"菜单命令，如图 8-51 所示，在场景中创建一个柱体网格。

❻ 在"添加柱体"卷展栏中，设置"顶点"为 64，如图 8-52 所示。

图 8-51

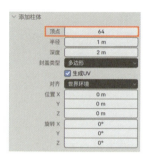

图 8-52

❼ 使用"缩放"工具调整柱体网格至图 8-53 所示大小。

❽ 在"大纲视图"编辑器中，更改棱角球网格的名称为"黑洞"，更改柱体网格的名称为"吸积盘"，如图 8-54 所示。

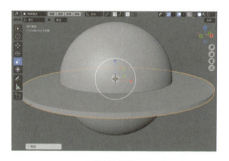

图 8-53

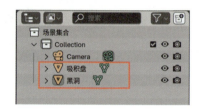

图 8-54

❾ 在"渲染"面板中，设置"渲染引擎"为"Cycles"，如图 8-55 所示。

❿ 选择吸积盘模型，在"材质"面板中，单击"新建"按钮，如图 8-56 所示；为所选择的模型新建一个材质，并更改材质的名称为"吸积盘材质"，如图 8-57 所示。

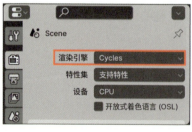

图 8-55

图 8-56

⓫ 在"表（曲）面"卷展栏中，设置"表（曲）面"为"自发光（发射）"，如图 8-58 所示。

图 8-57

图 8-58

⑫ 设置完成后,将视图切换至"渲染预览",本实例的渲染预览效果如图 8-59 所示。

图 8-59

> 技巧与提示
>
> 因为本实例没有灯光,所以在制作黑洞材质和吸积盘材质前,先给吸积盘指定一个自发光材质,有利于预览黑洞材质的效果。

8.4.2 制作黑洞材质

① 选择场景中的黑洞模型,如图 8-60 所示。
② 在"材质"面板中,单击"新建"按钮,如图 8-61 所示,为黑洞模型新建一个材质。更改材质的名称为"黑洞材质",如图 8-62 所示。

图 8-60

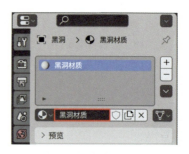

图 8-61　　　　　　　　　　　　　　　图 8-62

❸ 在"表（曲）面"卷展栏中，单击"表（曲）面"后面的绿色圆点按钮，如图 8-63 所示。在弹出的菜单中执行"折射 BSDF"命令，将"表（曲）面"的着色器更改为"折射 BSDF"，如图 8-64 所示。设置完成后，黑洞模型的渲染预览效果如图 8-65 所示。

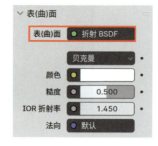

图 8-63　　　　　　　　　　　　　　　图 8-64

❹ 在"着色器编辑器"中，查看黑洞材质的节点连接情况，如图 8-66 所示。

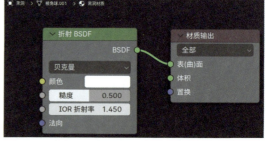

图 8-65　　　　　　　　　　　　　　　图 8-66

❺ 在"着色器编辑器"中，执行"添加 > 输入 > 层权重"菜单命令，添加一个"层权重"节点，将其"面朝向"属性连接至"折射 BSDF"节点上的"IOR 折射率"属性，如图 8-67 所示。

渲染 第8章

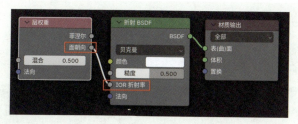

图 8-67

❻ 在"着色器编辑器"中，执行"添加 > 转换器 > 运算"菜单命令，添加一个"相加"节点，将其"值（明度）"属性连接至"层权重"节点上的"面朝向"属性，将其"值（明度）"属性连接至"折射 BSDF"节点上的"IOR 折射率"属性，如图 8-68 所示。设置完成后，黑洞模型的渲染预览效果如图 8-69 所示。

图 8-68

> 技巧与提示
>
> "运算"节点添加完成后，显示的默认节点名称为"相加"。

❼ 在"运算"节点中，设置运算方式为"相除"，设置"值（明度）"为1，如图 8-70 所示。

图 8-69

图 8-70

> 技巧与提示
>
> 当"运算"节点的运算方式设置为"相除"后，其名称会自动更改为"相除"。

141

❽ 在"着色器编辑器"中,执行"添加>转换器>颜色渐变"菜单命令,添加一个"颜色渐变"节点,将其"系数"属性连接至"层权重"节点上的"面朝向"属性,将"颜色"属性连接至"相除"节点上的"值(明度)"属性,如图 8-71 所示。

图 8-71

❾ 在"颜色渐变"节点中,设置黑色断点的"位置"为 0.3,如图 8-72 所示。设置完成后,黑洞模型的渲染预览效果如图 8-73 所示。

图 8-72　　　　　　　　　　　　图 8-73

❿ 在"层权重"节点中,设置"混合"为 0.9,如图 8-74 所示。设置完成后,黑洞模型的渲染预览效果如图 8-75 所示。

 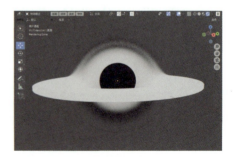

图 8-74　　　　　　　　　　　　图 8-75

⓫ 在"折射 BSDF"节点中,设置"糙度"为 0,如图 8-76 所示。设置完成后,黑洞模型的渲染预览效果如图 8-77 所示。

图 8-76　　　　　　　　　　图 8-77

⑫ 选择黑洞模型，在"物体"面板中的"射线可见性"卷展栏中，取消勾选"透射"复选框，如图 8-78 所示。设置完成后，黑洞模型的渲染预览效果如图 8-79 所示。

 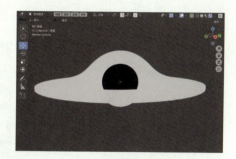

图 8-78　　　　　　　　　　图 8-79

⑬ 在"着色器编辑器"中，执行"添加＞着色器＞混合着色器"菜单命令，添加一个"混合着色器"节点，将其"着色器"属性连接至"折射 BSDF"节点的"BSDF"属性，将其"着色器"属性连接至"材质输出"节点上的"表（曲）面"属性，如图 8-80 所示。

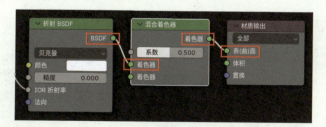

图 8-80

⑭ 在"着色器编辑器"中，执行"添加＞着色器＞自发光（发射）"菜单命令，添加一个"自发光（发射）"节点，将其"自发光（发射）"属性连接至"混合着色器"节点的"着色器"属性，如图 8-81 所示。

⓯ 在"自发光（发射）"节点中，设置"颜色"为紫色，如图8-82所示。其中，"颜色"的RGB值设置如图8-83所示。设置完成后，黑洞模型的渲染预览效果如图8-84所示。

图 8-81

图 8-82

图 8-83

图 8-84

⓰ 在"着色器编辑器"中，执行"添加>转换器>颜色渐变"菜单命令，添加第2个"颜色渐变"节点，将其"系数"属性连接至"层权重"节点的"面朝向"属性，将其"颜色"属性连接至"混合着色器"节点上的"系数"属性，如图8-85所示。

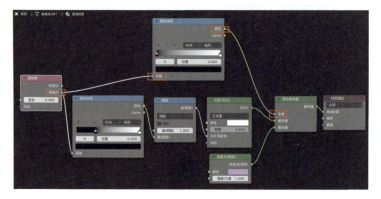

图 8-85

⑰ 在"颜色渐变"节点中,设置 RGB 为"常值",调整至图 8-86 所示颜色。设置完成后,黑洞模型的渲染预览效果如图 8-87 所示。

图 8-86

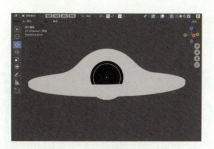

图 8-87

⑱ 黑洞材质制作完成后,其材质节点连接情况如图 8-88 所示。

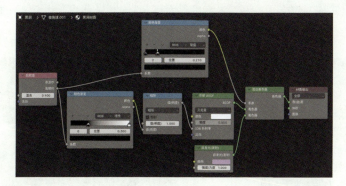

图 8-88

8.4.3 制作吸积盘材质

❶ 选择场景中的吸积盘模型,如图 8-89 所示。
❷ 在"表(曲)面"卷展栏中,设置"表(曲)面"为"无";在"体积"卷展栏中,设置"体积"为"原理化体积",如图 8-90 所示。

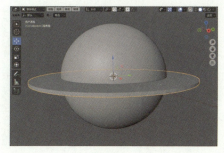

图 8-89

图 8-90

设置完成后，吸积盘模型的渲染预览效果如图 8-91 所示。

❸ 在"着色器编辑器"中，查看吸积盘材质的节点连接情况，如图 8-92 所示。

图 8-91　　　　　　　　　　　　图 8-92

❹ 在"原理化体积"节点中，设置"密度"为 0、"自发光强度"为 9，如图 8-93 所示。设置完成后，吸积盘模型的渲染预览效果如图 8-94 所示。

 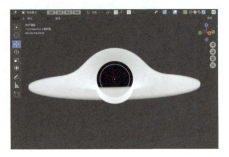

图 8-93　　　　　　　　　　　　图 8-94

❺ 在"着色器编辑器"中，执行"添加 > 纹理 > 渐变纹理"菜单命令，添加一个"渐变纹理"节点，设置渐变类型为"球形"，将其"颜色"属性连接至"原理化体积"节点上的"自发光颜色"属性，如图 8-95 所示。设置完成后，吸积盘模型的渲染预览效果如图 8-96 所示。

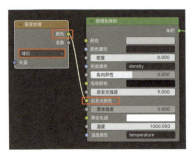 

图 8-95　　　　　　　　　　　　图 8-96

❻ 选择"渐变纹理"节点，按 Ctrl+T 键，会自动添加并连接"纹理坐标"节点和"映射"节点，如图 8-97 所示。

图 8-97

> **技巧与提示**
>
> 如果按 Ctrl+T 键没有效果，则需在"Blender 偏好设置"窗口中勾选启用"节点：Node Wrangler"复选框，如图 8-98 所示。
>
>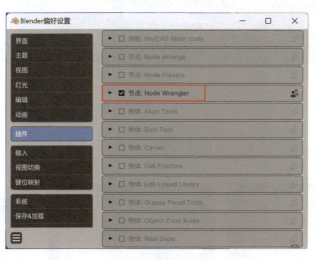
>
> 图 8-98

❼ 将"纹理坐标"节点上的"物体"属性连接至"映射"节点上的"矢量"属性，如图 8-99 所示。设置完成后，吸积盘模型的渲染预览效果如图 8-100 所示。

图 8-99

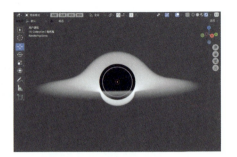

图 8-100

❽ 在"着色器编辑器"中,执行"添加 > 转换器 > 颜色渐变"菜单命令,添加一个"颜色渐变"节点,将其"系数"属性连接至"渐变纹理"节点上的"颜色"属性,将其"颜色"属性连接至"原理化体积"节点上的"自发光颜色"属性,如图 8-101 所示。

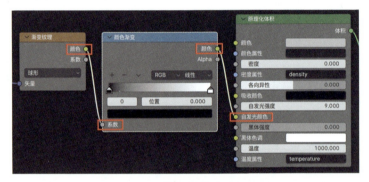

图 8-101

❾ 在"颜色渐变"节点中,设置黑色断点的"位置"为 0.4,如图 8-102 所示。再添加一个新的颜色断点,调整其颜色,设置"位置"为 0.6,如图 8-103 所示。其中,颜色的 RGB 值设置如图 8-104 所示。

图 8-102

图 8-103

图 8-104

设置完成后，吸积盘模型的渲染预览效果如图8-105所示。

⑩ 在"着色器编辑器"中，执行"添加>颜色>混合颜色"菜单命令，添加一个"混合"节点，将其"A"属性连接至"渐变纹理"节点上的"颜色"属性，将其"结果"属性连接至"颜色渐变"节点上的"系数"属性，如图8-106所示。

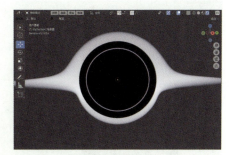

图 8-105

图 8-106

> **技巧与提示**
>
> "混合颜色"节点的名称显示为"混合"。

⑪ 在"着色器编辑器"中，执行"添加>纹理>噪波纹理"菜单命令，添加一个"噪波纹理"节点，将其"矢量"属性连接至"混合"节点上的"结果"属性，将其"颜色"属性连接至"颜色渐变"节点上的"系数"属性，如图8-107所示。

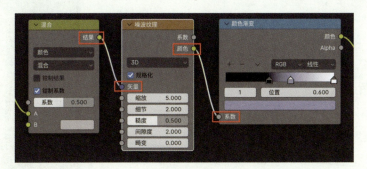

图 8-107

⑫ 在"噪波纹理"节点中，设置"缩放"为20、"细节"为1、"糙度"为1、"间隙度"为3，如图8-108所示。设置完成后，吸积盘模型的渲染预览效果如图8-109所示。

图 8-108

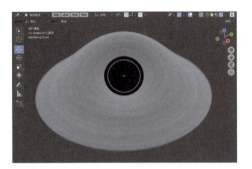
图 8-109

⑬ 将"映射"节点的"矢量"属性连接至"混合"节点上的"B"属性,在"混合"节点中,设置"系数"为 0.6,如图 8-110 所示。设置完成后,吸积盘模型的渲染预览效果如图 8-111 所示。

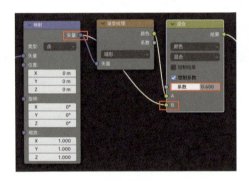
图 8-110

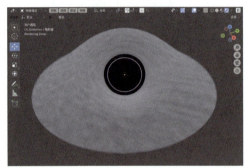
图 8-111

⑭ 在"着色器编辑器"中,选择"噪波纹理"节点,按 Shift+D 键,对该节点进行复制,将其"矢量"属性连接至"混合"节点上的"结果"属性,如图 8-112 所示。

⑮ 在"着色器编辑器"中,执行"添加 > 颜色 > 混合颜色"菜单命令,添加第 2 个"混合"节点,将其"A"属性连接至第 1 个"噪波纹理"节点上的"颜色"属性,将其"B"属性连接至第 2 个"噪波纹理"节点上的"颜色"属性,将其"结果"属性连接至"颜色渐变"节点上的"系数"属性,如图 8-113 所示。

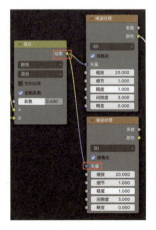
图 8-112

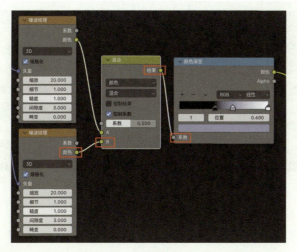

图 8-113

⑯ 在第 2 个"噪波纹理"节点中，设置"缩放"为 3、"细节"为 3、"糙度"为 1、"间隙度"为 2，如图 8-114 所示。设置完成后，吸积盘模型的渲染预览效果如图 8-115 所示。

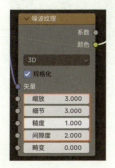

图 8-114

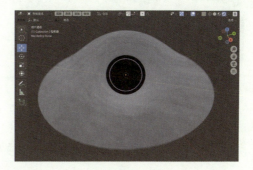

图 8-115

> **技巧与提示**
>
> 若想得到细节更加丰富的纹理，读者可以使用类似的方法混合多个"噪波纹理"节点。

⑰ 在"着色器编辑器"中，执行"添加 > 颜色 > 混合颜色"菜单命令，添加一个"混合"节点，将其"A"属性和"B"属性分别连接至"颜色渐变"节点上的"颜色"属性，将其"结果"属性连接至"原理化体积"节点上的"自发光颜色"属性，如图 8-116 所示。

151

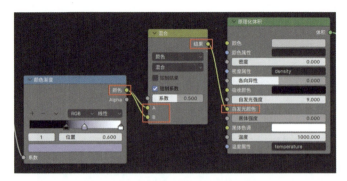

图 8-116

设置完成后，吸积盘模型的渲染预览效果如图 8-117 所示。

⓲ 在"混合"节点中，设置混合模式为"叠加"，设置"系数"为 1，如图 8-118 所示。

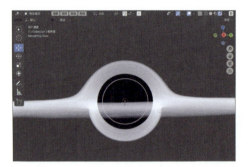

图 8-117

图 8-118

> **技巧与提示**
>
> 在"混合"节点中，设置混合模式为"叠加"后，该节点的名称会自动更改为"叠加"。

设置完成后，吸积盘模型的渲染预览效果如图 8-119 所示。

⓳ 选择"叠加"节点，按 Shift+D 键，对该节点进行复制，将其"A"属性连接至上一个"叠加"节点上的"结果"属性，将其"结果"属性连接至"原理化体积"节点上的"自发光颜色"属性，如图 8-120 所示。

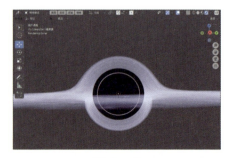

图 8-119

渲染 第8章

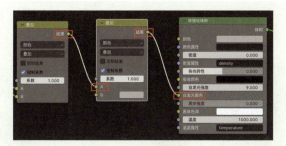

图 8-120

⑳ 在"着色器编辑器"中,执行"添加 > 转换器 > 颜色渐变"菜单命令,添加第 2 个"颜色渐变"节点,将其"系数"属性连接至"渐变纹理"节点上的"颜色"属性,将其"颜色"属性连接至"叠加"节点上的"B"属性,如图 8-121 所示。

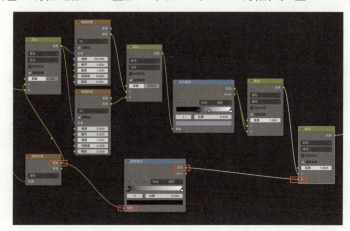

图 8-121

设置完成后,吸积盘模型的渲染预览效果如图 8-122 所示。

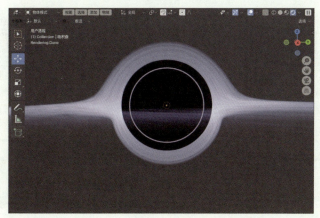

图 8-122

153

㉑ 在"颜色渐变"节点中,设置黑色断点的颜色为灰色、"位置"为 0.4,如图 8-123 所示。其中,灰色的 RGB 值设置如图 8-124 所示。

图 8-123

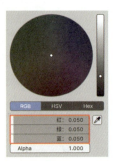

图 8-124

㉒ 在"原理化体积"节点中,设置"自发光强度"为 200,如图 8-125 所示。设置完成后,吸积盘模型的渲染预览效果如图 8-126 所示。

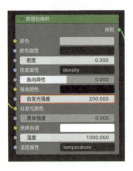

图 8-125

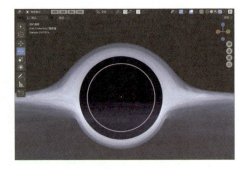

图 8-126

㉓ 吸积盘材质制作完成后,其材质节点连接情况如图 8-127 所示。

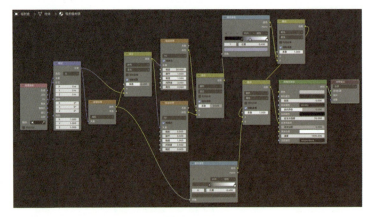

图 8-127

8.4.4 渲染及后期设置

❶ 在"大纲视图"编辑器中,选择"Collection"中的"Camera",如图 8-128 所示。
❷ 在"物体"面板中,展开"变换"卷展栏,其参数设置如图 8-129 所示。

图 8-128

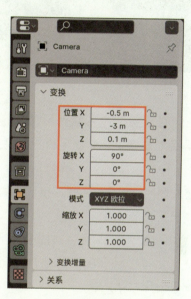

图 8-129

❸ 在"世界环境"面板中,设置"颜色"为黑色,如图 8-130 所示。
❹ 设置完成后,切换至"摄像机透视"视图,如图 8-131 所示。

图 8-130

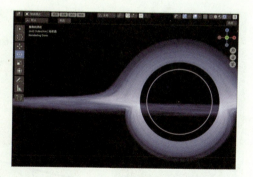

图 8-131

❺ 执行"渲染 > 渲染图像"菜单命令,渲染场景,渲染效果如图 8-132 所示。
❻ 在"合成器"中,勾选"使用节点"复选框,如图 8-133 所示,将显示"渲染层"节点和"合成"节点。

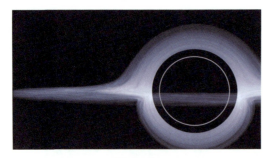
图 8-132

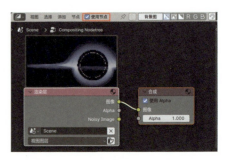
图 8-133

7 在"合成器"中,执行"添加 > 滤镜(过滤)> 模糊 > 模糊"菜单命令,添加一个"模糊"节点,将左侧的"图像"属性连接至"渲染层"节点上的"图像"属性,将右侧的"图像"属性连接至"合成"节点上的"图像"属性,如图 8-134 所示。

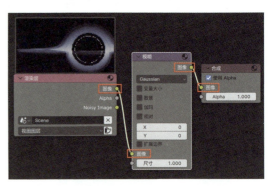
图 8-134

8 在"模糊"节点中,设置模糊类型为"Fast Gaussian",勾选"相对"复选框,设置"X"为 100%、"Y"为 100%,如图 8-135 所示。

设置完成后,得到一张具有蓝色光晕图像,如图 8-136 所示。

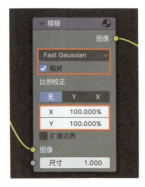
图 8-135

图 8-136

9 在"合成器"中,执行"添加 > 颜色 > 混合 > 混合颜色"菜单命令,添加一个"混合"节点,将左侧的"图像"属性连接至"模糊"节点上的"图像"属性,将右侧的"图像"属性连接至"合成"节点上的"图像"属性,如图 8-137 所示。

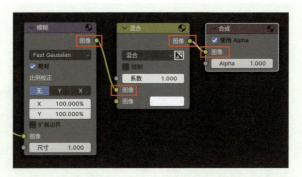

图 8-137

⓾ 选择"渲染层"节点，按 Shift+D 键，对该节点进行复制，将其"图像"属性连接至"混合"节点上的"图像"属性，如图 8-138 所示。

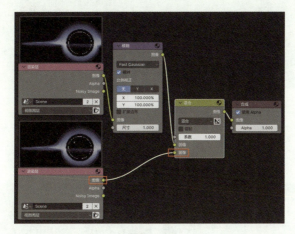

图 8-138

⓫ 在"混合"节点中，设置混合模式为"滤色"，该节点的名称会更改为"滤色"，如图 8-139 所示。设置完成后，渲染得到的图像会带有蓝色的光晕效果，如图 8-140 所示。

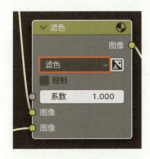

图 8-139

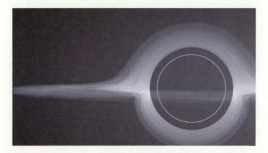

图 8-140

⑫ 在"合成器"中，执行"添加 > 颜色 >Adjust> 色彩平衡"菜单命令，添加一个"色彩平衡"节点，将左侧的"图像"属性连接至"渲染层"节点上的"图像"属性，将右侧的"图像"属性连接至"滤色"节点上的"图像"属性，如图 8-141 所示。

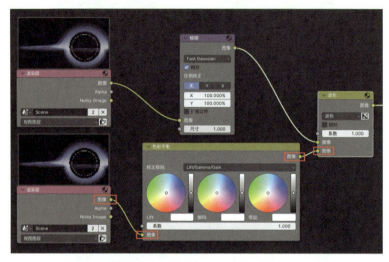

图 8-141

⑬ 在"色彩平衡"节点中，调整色轮至图 8-142 所示颜色。设置完成后，渲染得到的图像会显得更加偏蓝，如图 8-143 所示。

图 8-142　　　　　　　　　　　　图 8-143

⑭ 在"合成器"中，执行"添加 > 过滤（滤镜）> 辉光"菜单命令，添加一个"辉光"节点，将左侧的"图像"属性连接至"滤色"节点上的"图像"属性，将右侧的"图像"属性连接至"合成"节点上的"图像"属性，如图 8-144 所示。

⑮ 在"辉光"节点中，设置辉光类型为"雾晕"、品质为"高"，设置"阈值"为 0.3、"尺寸"为 9，如图 8-145 所示。设置完成后，渲染得到的图像会带有一点辉光效果，如图 8-146 所示。

渲染 第 8 章

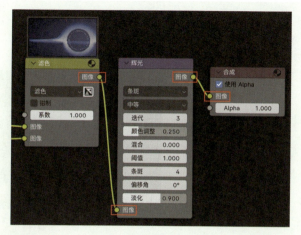

图 8-144

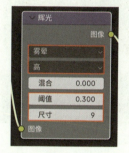

图 8-145

图 8-146

⑯ 在"合成器"中，执行"添加 > 颜色 > 颜色渐变"菜单命令，添加一个"颜色渐变"节点，将其"系数"属性连接至"滤色"节点上的"图像"属性，将其"图像"属性连接至"辉光"节点上的"图像"属性，如图 8-147 所示。

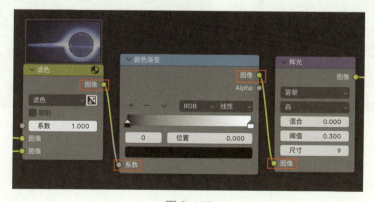

图 8-147

159

> **技巧与提示**
>
> 使用"颜色渐变"节点可以更改图像整体的颜色。

设置完成后,渲染得到的图像效果如图 8-148 所示。

⑰ 在"颜色渐变"节点中,更改渐变色,如图 8-149 所示,可以得到图 8-150 所示的渲染效果。

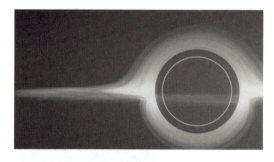

图 8-148

图 8-149

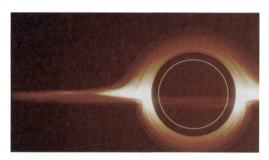

图 8-150

⑱ 在"颜色渐变"节点中,更改渐变色,如图 8-151 所示,可以得到图 8-152 所示的渲染效果。

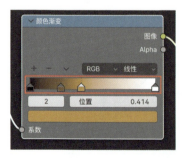

图 8-151

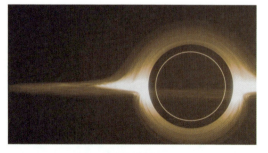

图 8-152

学习完本实例后,读者可以尝试使用该方法制作其他星球的表现效果。

第9章 动画技术

9.1 动画概述

在三维设计中，动画是指通过控制三维模型在虚拟空间中的位置、旋转和缩放等属性的变化，来创造物体或角色运动和变化的视觉效果。

三维动画在电影、游戏、广告和虚拟现实等领域有着广泛的应用。它不仅增加了视觉内容的吸引力，还能传达更丰富的情感和信息。制作高质量的三维动画需要对动画原理有深入理解。在学习本章内容之前，建议读者先阅读相关书籍，了解并掌握一定的动画基础理论，以便制作出更加令人信服的动画效果。

9.2 动画基本操作

启动 Blender 4.0，选择场景中自动生成的立方体模型，按 I 键，弹出"插入关键帧菜单"，如图 9-1 所示。有关动画基本操作的视频详解，可扫描图 9-2 中的二维码观看。

图 9-1

图 9-2

9.3 技术实例

9.3.1 实例：制作文字渐变色动画效果

实例介绍

本实例主要讲解如何使用关键帧技术制作文字渐变色动画效果，最终动画效果如图 9-3 所示。

图 9-3

思路分析

先为文字模型制作渐变色材质，再制作渐变色的动画效果。

步骤演示

1. 启动 Blender 4.0，打开配套的场景文件"文字.blend"，场景中将显示一个文字模型，并且已经设置好了材质、灯光效果和摄像机位置等，如图 9-4 所示。
2. 渲染场景，文字模型的默认渲染效果如图 9-5 所示。

图 9-4

图 9-5

❸ 选择文字模型，在"材质"面板中，单击"新建"按钮，如图 9-6 所示；为文字模型创建一个新材质并命名为"渐变色"，如图 9-7 所示。

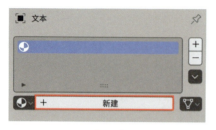
图 9-6

图 9-7

❹ 在"表（曲）面"卷展栏中，设置"糙度"为 0.1，单击"基础色"后面的黄色圆点按钮，如图 9-8 所示。在弹出的菜单中执行"颜色渐变"命令，如图 9-9 所示。

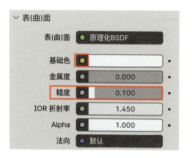
图 9-8

图 9-9

❺ 设置渐变色，如图 9-10 所示，单击"系数"后面的灰色圆点按钮。在弹出的菜单中执行"分离 XYZ>Y"命令，如图 9-11 所示。

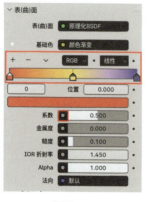
图 9-10

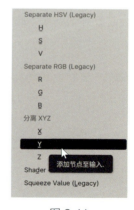
图 9-11

❻ 单击"矢量"后面的圆点按钮，如图 9-12 所示。在弹出的菜单中执行"纹理坐标 > 物体"命令，如图 9-13 所示。

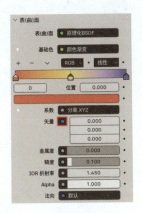

图 9-12

图 9-13

设置完成后，文字的材质节点在"着色器编辑器"中的显示效果如图 9-14 所示。

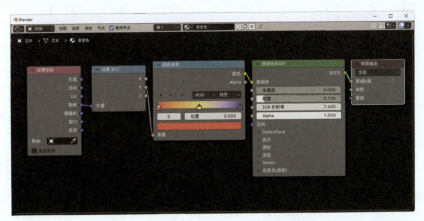

图 9-14

❼ 执行"添加 > 空物体 > 纯轴"菜单命令，如图 9-15 所示，在场景中创建一个名称为"空物体"的纯轴。

❽ 在"添加空物体"卷展栏中，设置"半径"为 0.1m，如图 9-16 所示。调整纯轴至图 9-17 所示位置。

图 9-15

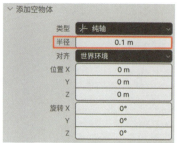

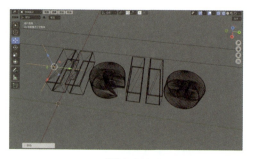

图 9-16　　　　　　　　　　　　　　图 9-17

❾ 选择文字模型，在"材质"面板中，设置"物体"为"空物体"，如图 9-18 所示。设置完成后，文字模型的渲染预览效果如图 9-19 所示。

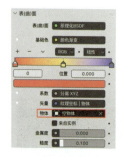

图 9-18　　　　　　　　　　　　　　图 9-19

❿ 在第 1 帧处，选择纯轴，沿 Y 轴方向调整其至图 9-20 所示位置，使文字模型显示为紫色。

⓫ 在"变换"卷展栏中，为"位置 Y"属性设置关键帧，如图 9-21 所示。

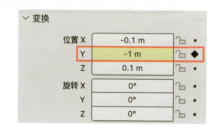

图 9-20　　　　　　　　　　　　　　图 9-21

⓬ 在第 100 帧处，选择纯轴，沿 Y 轴方向调整其至图 9-22 所示位置，使文字模型显示为红色。

⓭ 在"变换"卷展栏中，为"位置 Y"属性设置关键帧，如图 9-23 所示。

图 9-22   图 9-23

⓮ 播放动画，本实例的动画效果如图 9-24 所示。

图 9-24

⓯ 渲染场景，渲染效果如图 9-25 所示。

图 9-25

 学习完本实例后，读者可以尝试使用该方法制作企业 Logo 文字的渐变色动画效果。

9.3.2 实例：制作花朵摇摆动画效果

🔹 **实例介绍**

本实例主要讲解如何使用"曲线编辑器"制作花朵左右摇摆的循环动画效果，最终动画效果如图 9-26 所示。

图 9-26

🔹 **思路分析**

先制作花朵摇摆的关键帧动画，再为其设置动画循环效果。

▶ **步骤演示**

❶ 启动 Blender 4.0，打开配套的场景文件"玩具花盆.blend"，场景中将显示一个玩具花盆模型，并且已经设置好了材质、灯光效果和摄像机位置等，如图 9-27 所示。

❷ 选择花朵模型，如图 9-28 所示，可以看到其坐标轴原点位于花朵中心。

图 9-27

图 9-28

❸ 在工作界面右上方的"选项"下拉菜单中，勾选"原点"复选框，如图 9-29 所示。
❹ 在"正交后视图"中，调整坐标轴的原点至根部位置，如图 9-30 所示。设置完成后取消勾选"原点"复选框，如图 9-31 所示。

图 9-29

图 9-30

❺ 在"正交右视图"中，旋转花朵至图 9-32 所示角度。
❻ 在第 1 帧处，为"旋转 X"属性设置关键帧，如图 9-33 所示。

图 9-31

图 9-32

❼ 在第 40 帧处，旋转花朵至图 9-34 所示角度，再次为"旋转 X"属性设置关键帧，如图 9-35 所示。

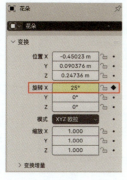
图 9-33

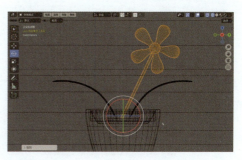
图 9-34

169

❽ 执行"窗口 > 新建窗口"菜单命令,如图 9-36 所示。

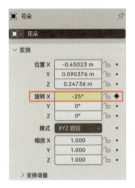

图 9-35　　　　　　　　　　图 9-36

❾ 在新建的窗口中,单击"编辑器类型"按钮,切换至"曲线编辑器",如图 9-37 所示。

图 9-37

❿ 在"曲线编辑器"中,执行"视图 > 框显全部"菜单命令,如图 9-38 所示;可看到刚刚制作的花朵的旋转动画曲线,如图 9-39 所示。

图 9-38

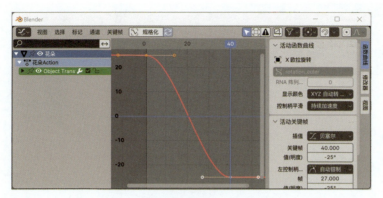

图 9-39

⑪ 在"修改器"面板中,为曲线添加"循环"修改器,如图 9-40 所示。

图 9-40

> 技巧与提示
>
> "循环"修改器添加完成后,"修改器"面板中显示其英文名称"Cycles"。

⑫ 在"修改器"面板中,设置"之前模式"为"重复镜像部分"、"之后模式"为"重复镜像部分",如图 9-41 所示。

⑬ 设置完成后,在"曲线编辑器"中观察花朵的旋转动画曲线,如图 9-42 所示。播放场景动画,可以看到花朵模型不断地左右摆动。

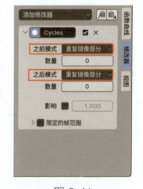

图 9-41

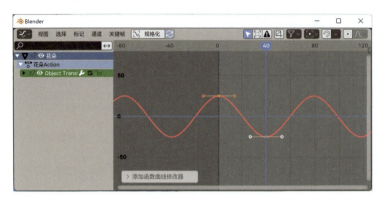

图 9-42

⑭ 设置完成后，播放动画，本实例的动画效果如图 9-43 所示。

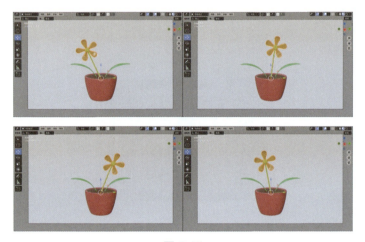

图 9-43

⑮ 渲染场景，渲染效果如图 9-44 所示。

图 9-44

⑯ 在"渲染"面板中，勾选"运动模糊"复选框，设置"快门"为 2，如图 9-45 所示。

⑰ 渲染场景，本实例的最终渲染效果如图 9-46 所示。

图 9-45

图 9-46

> **技巧与提示**
> 运动模糊效果在渲染预览中无法显示，只有渲染场景后才能看到。

学习完本实例后，思考一下还可以制作哪些类似的循环动画效果。

9.3.3 实例：制作物体消失动画效果

> **实例介绍**
> 本实例主要讲解如何使用材质制作物体从上至下慢慢消失的动画效果，最终动画效果如图 9-47 所示。

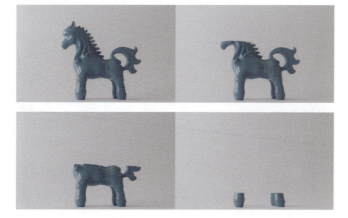

图 9-47

173

🔷 **思路分析**

先为小马模型制作陶瓷材质,再制作消失动画效果。

▶ **步骤演示**

❶ 启动 Blender 4.0,打开配套的场景文件"小马.blend",场景中将显示一个小马形状的工艺品模型,并且已经设置好了材质、灯光效果和摄像机位置等,如图 9-48 所示。

❷ 渲染场景,小马模型的默认渲染效果如图 9-49 所示。

图 9-48

图 9-49

❸ 选择小马模型,在"材质"面板中,单击"新建"按钮,如图 9-50 所示;为小马模型创建一个新材质并命名为"陶瓷",如图 9-51 所示。

图 9-50

图 9-51

❹ 在"表(曲)面"卷展栏中,设置"基础色"为蓝色、"糙度"为 0.1,如图 9-52 所示。其中,"基础色"的 RGB 值设置如图 9-53 所示。

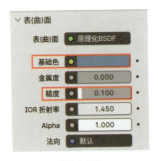

图 9-52

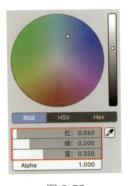

图 9-53

❺ 渲染场景,小马模型的渲染效果如图 9-54 所示。

❻ 在"表(曲)面"卷展栏中,单击"Alpha"后面的灰色圆点按钮,如图 9-55 所示。在弹出的菜单中执行"颜色渐变"命令,如图 9-56 所示。

❼ 调整白色断点的"位置"为 0.05,再单击下方"系数"后面的灰色圆点按钮,如图 9-57 所示。

图 9-54

图 9-55

图 9-56

图 9-57

❽ 在弹出的菜单中执行"分离 XYZ>Z"命令,如图 9-58 所示。
❾ 单击"分离 XYZ"贴图中"矢量"后面的圆点按钮,如图 9-59 所示。
❿ 在弹出的菜单中执行"纹理坐标 > 物体"命令,如图 9-60 所示。

图 9-58

图 9-59

图 9-60

⓫ 打开"着色器编辑器",可以看到小马模型的材质节点连接状态,如图 9-61 所示。

175

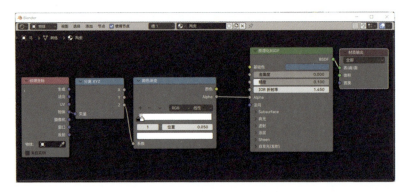

图 9-61

⑫ 在"着色器编辑器"中,将"颜色渐变"节点上的"颜色"属性连接至"原理化 BSDF"节点上的 Alpha 属性,如图 9-62 所示。

图 9-62

⑬ 执行"添加 > 空物体 > 纯轴"菜单命令,在场景中创建一个名称为"空物体"的纯轴,如图 9-63 所示。

⑭ 使用"缩放"和"移动"工具调整纯轴至图 9-64 所示大小和位置。

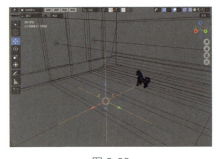

图 9-63

图 9-64

⑮ 选择小马模型,在"材质"面板中,设置"物体"为"空物体",如图 9-65 所示。设置完成后,小马模型的渲染预览效果如图 9-66 所示。

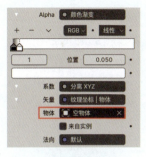

图 9-65

图 9-66

⑯ 在"表(曲)面"卷展栏中,更改黑色断点的位置至白色断点的后方,如图 9-67 所示。小马模型的渲染预览效果如图 9-68 所示。

图 9-67

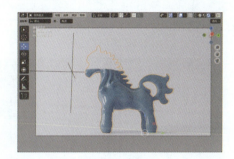

图 9-68

⑰ 选择纯轴,在第 0 帧处,调整小马模型至图 9-69 所示位置,在"变换"卷展栏中,为"位置 Z"属性设置关键帧,如图 9-70 所示。

图 9-69

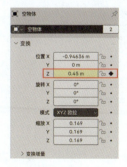

图 9-70

⑱ 选择纯轴，在第100帧处，调整小马模型至图9-71所示位置，在"变换"卷展栏中，为"位置Z"属性设置关键帧，如图9-72所示。

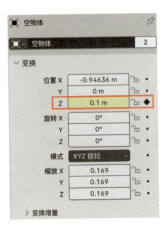

图9-71　　　　　　　　　　　　图9-72

⑲ 设置完成后，播放场景动画，可看到小马模型从上到下慢慢消失的动画效果，如图9-73所示。

图9-73

⑳ 渲染场景，本实例的最终渲染效果如图9-74所示。

图 9-74

> 📌 **技巧与提示**
>
> 本实例的制作步骤较多,建议读者观看本实例的视频教程,从而更加轻松、直观地学习动画制作。

> **举一反三** 学习完本实例后,读者可以尝试使用该方法制作小马模型从左至右慢慢消失的动画效果。

9.3.4 实例:制作纸飞机飞行动画效果

⚙️ **实例介绍**

本实例主要讲解如何制作纸飞机沿指定路径飞行的动画效果,最终动画效果如图 9-75 所示。

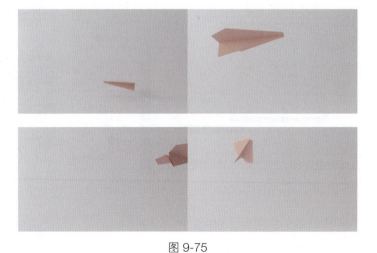

图 9-75

> **思路分析**
>
> 先在场景中创建一条曲线作为纸飞机的飞行路径,再将纸飞机行动约束在曲线上。

步骤演示

① 启动 Blender 4.0,打开配套的场景文件"纸飞机.blend",场景中将显示一个纸飞机模型,并且已经设置好了材质和灯光效果等,如图 9-76 所示。

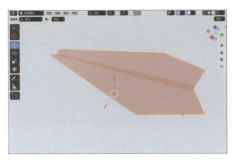

图 9-76

② 执行"添加 > 曲线 >Curve Spirals>Archemedian"菜单命令,如图 9-77 所示,在场景中创建一条螺旋线。

③ 在 Curve Spirals 卷展栏中,设置"圈数"为 2、"步数(阶梯)"为 24、Radius Growth 为 -0.2、"半径"为 0.55、"高度"为 0.15,如图 9-78 所示。

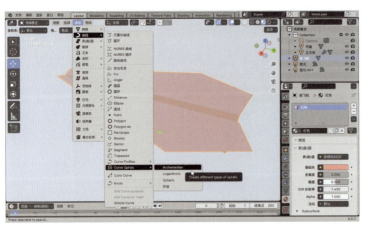

图 9-77　　　　　　　　　　　图 9-78

设置完成后,螺旋线的视图显示效果如图 9-79 所示。

④ 选择纸飞机模型,在"变换"卷展栏中,设置"位置 X""位置 Y""位置 Z"均

为 0m，如图 9-80 所示。

图 9-79

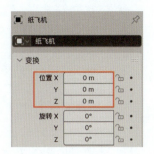
图 9-80

> **技巧与提示**
> 应用随机路径约束前，模型的位置最好置于坐标系的原点。

❺ 在"约束"面板中，为纸飞机模型添加"跟随路径"约束，如图 9-81 所示。

❻ 在"约束"面板中，设置"目标"为刚刚创建的螺旋线、"前进轴"为 –Y，勾选"跟随曲线"复选框，单击"动画路径"按钮，如图 9-82 所示。

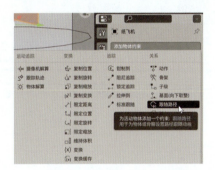
图 9-81

图 9-82

❼ 播放动画，可以看到纸飞机模型沿螺旋线飞行的动画效果，如图 9-83 所示。

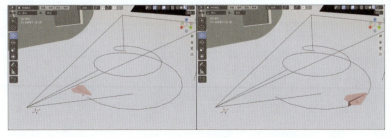
图 9-83

181

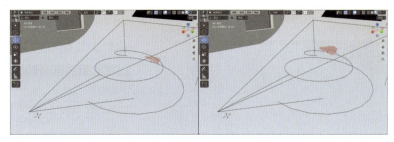

图 9-83（续）

❽ 渲染场景，本实例的最终渲染效果如图 9-84 所示。

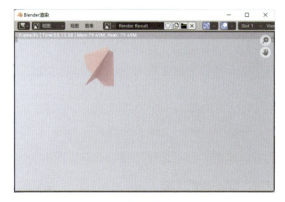

图 9-84

学习完本实例后，思考一下还可以制作哪些类似的物体跟随路径变化的动画效果。

9.3.5 实例：制作光影变化动画效果

实例介绍

本实例主要讲解如何制作物体上的光影变化动画效果，图 9-85 所示为本实例最终的动画效果。

图 9-85

动画技术 第 9 章

图 9-85（续）

思路分析

先为场景添加光照，再设置动画效果。

步骤演示

❶ 启动 Blender 4.0，打开配套的场景文件"瓶子.blend"，场景中将显示一个瓶子模型，并且已经设置好了材质和摄像机位置等，如图 9-86 所示。

❷ 在"世界环境"面板中，单击"颜色"后面的黄色圆点按钮，如图 9-87 所示。在弹出的菜单中执行"天空纹理"命令，如图 9-88 所示。

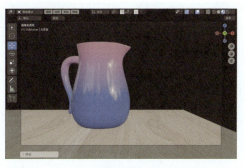

图 9-86

图 9-87

图 9-88

设置完成后，场景的渲染预览效果如图 9-89 所示。

❸ 在"表（曲）面"卷展栏中，设置"太阳高度"为 25°、"太阳旋转"为 160°，如图 9-90 所示。

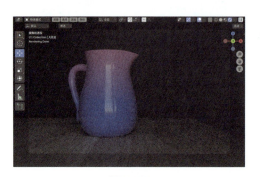

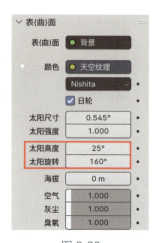

图 9-89　　　　　　　　　　　　　　图 9-90

设置完成后，场景的渲染预览效果如图 9-91 所示。可以看到更改了太阳的旋转角度后，阳光从窗户照射进来。

❹ 在"表（曲）面"卷展栏中，设置"太阳尺寸"为 1°、"太阳强度"为 0.2，如图 9-92 所示。

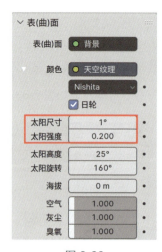

图 9-91　　　　　　　　　　　　　　图 9-92

设置完成后，场景的渲染预览效果如图 9-93 所示。可以看到植物的投影虚化了一些，同时，光照强度降低了许多。

❺ 在第 1 帧处，在"表（曲）面"卷展栏中，为"太阳高度"和"太阳旋转"属性设置关键帧，如图 9-94 所示。

❻ 在第 150 帧处，在"表（曲）面"卷展栏中，设置"太阳高度"为 20°、"太阳旋转"为 170°，为这两个属性设置关键帧，如图 9-95 所示。

图 9-93

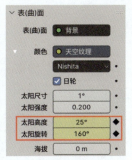
图 9-94

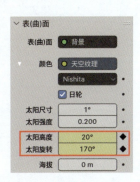
图 9-95

设置完成后，场景的渲染预览动画效果如图 9-96 所示。

图 9-96

❼ 渲染场景，本实例的最终渲染效果如图 9-97 所示。

图 9-97

学习完本实例后，思考一下还可以制作哪些类似的光影变化动画效果。

第10章

动力学动画

10.1 动力学概述

　　Blender 4.0 提供了多个功能强大且易于掌握的动力学动画模拟系统，包括布料动力学、刚体动力学、流体动力学和粒子系统等，用来制作运动规律较为复杂的布料形变动画、刚体碰撞动画、液体流动动画及粒子群组动画等，这些内置的动力学动画模拟系统不但提供了效果逼真、合理的动力学动画模拟解决方案，还极大地节省了手动设置关键帧所消耗的时间。不过，需要注意的是，这里的某些动力学计算对计算机硬件的要求较高，需要足够大的硬盘空间来存放计算缓存文件，这样才能得到细节丰富的动画模拟效果。读者在学习动力学动画相关的知识时，可以多多参考现实生活中与其相关的照片或者视频素材。图 10-1 和图 10-2 所示为动力学相关照片。

图 10-1

图 10-2

10.2 创建刚体对象

　　在"物理"面板中，可以找到动力学相关功能按钮，如图 10-3 所示，用于模拟刚体、软体、流体、布料等不同的动力学动画效果。其中，有关模拟刚体动画的视频详解，可扫描图 10-4 中的二维码观看。

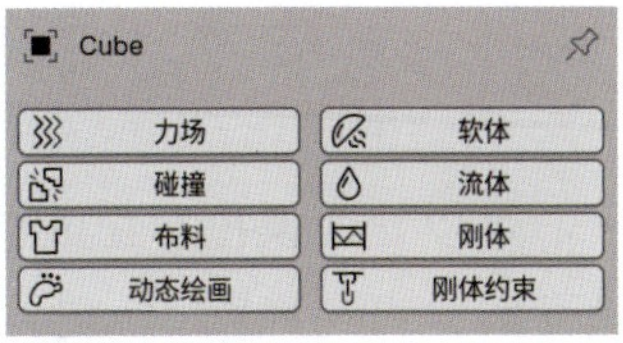

图 10-3

图 10-4

10.3 创建布料对象

在 Blender 4.0 中,将模型设置为布料对象后,可以快速模拟布料的褶皱动画效果,如图 10-5 所示。有关模拟布料动画的视频详解,可扫描图 10-6 中的二维码观看。

图 10-5

图 10-6

10.4 创建软体对象

在 Blender 4.0 中,将模型设置为软体对象后,可以快速模拟软体自身的变形动画效果,如图 10-7 所示。有关模拟软体动画的视频详解,可扫描图 10-8 中的二维码观看。

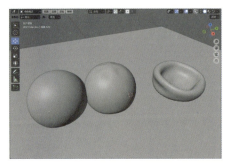

图 10-7

图 10-8

10.5 创建动态绘画对象

在 Blender 4.0 中,将模型设置为动态绘画对象后,可以快速模拟水面波纹动画效果,如图 10-9 所示。有关模拟水面波纹动画的视频详解,可扫描图 10-10 中的二维码观看。

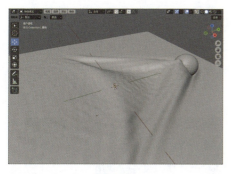

图 10-9

图 10-10

10.6 技术实例

10.6.1 实例：制作苹果掉落动画效果

实例介绍

本实例主要讲解如何制作苹果掉落在盘子中的刚体动力学动画效果，最终动画效果如图 10-11 所示。

图 10-11

思路分析

先将苹果模型和盘子模型均设置为刚体对象，再调整相应参数得到正确的动画模拟效果。

> **步骤演示**

① 启动 Blender 4.0，打开配套的场景文件"苹果.blend"，场景中将显示 3 个苹果模型和一个盘子模型，并且已经设置好了材质、灯光效果和摄像机位置等，如图 10-12 所示。

② 选择图 10-13 所示的苹果模型。

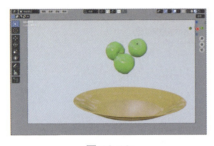 

图 10-12　　　　　　　　　　　　　图 10-13

③ 在"物理"面板中，单击"刚体"按钮，如图 10-14 所示，将该苹果模型设置为刚体对象。

④ 在"表面响应"卷展栏中，设置"弹跳力"为 0.7，如图 10-15 所示。

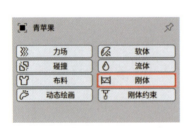 

图 10-14　　　　　　　　　　　　　图 10-15

⑤ 选择场景中的盘子模型，如图 10-16 所示。

⑥ 在"物理"面板中，单击"刚体"按钮，如图 10-17 所示，将盘子模型设置为刚体对象。

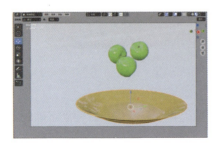 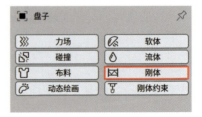

图 10-16　　　　　　　　　　　　　图 10-17

❼ 在"刚体"卷展栏中，设置"类型"为"被动"，设置"形状"为"网格"，设置"弹跳力"为 0.7、"边距"为 0.004m，如图 10-18 所示。

❽ 设置完成后，播放动画，可看到被选中的苹果掉落的动画效果，如图 10-19 和图 10-20 所示。

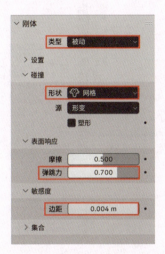

图 10-18

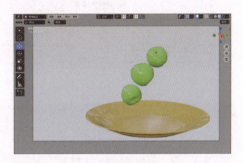

图 10-19

❾ 在场景中先选择另外两个苹果模型，然后加选设置为刚体对象的苹果模型，如图 10-21 所示。

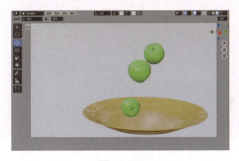

图 10-20

图 10-21

> **技巧与提示**
>
> 先选择的物体边框呈红色，最后选择的物体边框则呈橙色。

❿ 执行"物体 > 刚体 > 从活动项复制"菜单命令，如图 10-22 所示。

⓫ 再次播放场景动画，动画效果如图 10-23 所示。

图 10-22

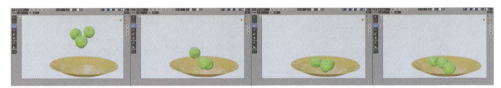

图 10-23

⓬ 选择场景中的 3 个苹果模型，执行"物体 > 刚体 > 烘焙到关键帧"菜单命令，如图 10-24 所示。在"烘焙到关键帧"对话框中，单击"确定"按钮，如图 10-25 所示。

图 10-24

⑬ 选择场景中的 3 个苹果模型，在"运动路径"卷展栏中，单击"计算"按钮，如图 10-26 所示。在"计算物体运动路径"对话框中，单击"确定"按钮，如图 10-27 所示。

图 10-25

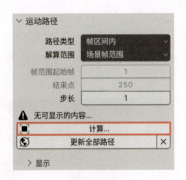

图 10-26

⑭ 3 个苹果掉落到盘子中的路径如图 10-28 所示。

图 10-27

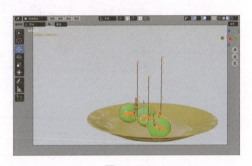

图 10-28

⑮ 在"渲染"面板中，勾选"运动模糊"复选框，如图 10-29 所示。

⑯ 渲染场景，本实例的渲染效果如图 10-30 所示。

图 10-29

图 10-30

> 学习完本实例后，读者可以尝试制作其他物体的下落动画效果。

10.6.2 实例：制作小旗飘动动画效果

实例介绍

本实例主要讲解如何制作小旗飘动的布料动力学动画效果，最终动画效果如图 10-31 所示。

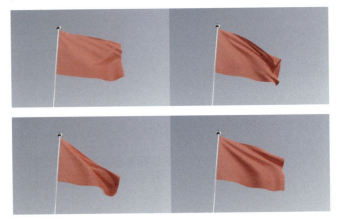

图 10-31

思路分析

先将旗模型设置为布料对象，再调整相应参数得到正确的动画模拟效果。

步骤演示

❶ 启动 Blender 4.0，打开配套的场景文件"小旗.blend"，场景中将显示一个小旗模型，如图 10-32 所示。

❷ 选择旗模型，如图 10-33 所示。

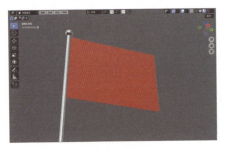

图 10-32

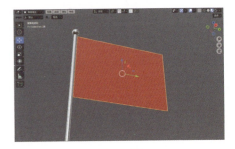

图 10-33

③ 在"编辑模式"下，单击鼠标右键，在弹出的"面"菜单中执行"细分"命令，如图 10-34 所示。

④ 在"细分"卷展栏中，设置"切割次数"为 30，如图 10-35 所示。

图 10-34

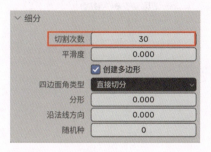

图 10-35

设置完成后，模型的边线显示效果如图 10-36 所示。

⑤ 在"数据"面板中，单击"顶点组"卷展栏中的"添加顶点组"按钮，如图 10-37 所示。新建一个默认名称为"群组"的顶点组，如图 10-38 所示。

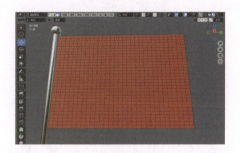

图 10-36

图 10-37

⑥ 选择图 10-39 所示的顶点，单击"指定"按钮，将所选择的顶点指定给新建的顶点组，如图 10-40 所示。

图 10-38

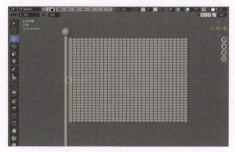

图 10-39

195

❼ 在"物体模式"下,选择旗模型,单击"物理"面板中的"布料"按钮,如图 10-41 所示,将旗模型设置为布料对象。

图 10-40

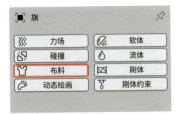
图 10-41

❽ 在"形状"卷展栏中,设置"钉固顶点组"为"群组",如图 10-42 所示。

❾ 在"碰撞"卷展栏中,勾选"自碰撞"复选框,如图 10-43 所示。

图 10-42

图 10-43

❿ 选择旗杆模型,在"物理"面板中,单击"碰撞"按钮,将旗杆模型设置为碰撞对象,如图 10-44 所示。

⓫ 设置完成后,按空格键,播放场景动画,可以看到旗受到重力影响所产生的布料变形效果,如图 10-45 所示。

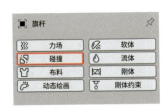
图 10-44

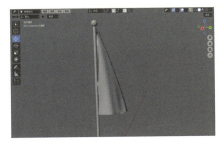
图 10-45

动力学动画 第10章

> 技巧与提示
>
> "播放动画"功能的快捷键为空格键。

⑫ 执行"添加 > 力场 > 风力"菜单命令,如图 10-46 所示。

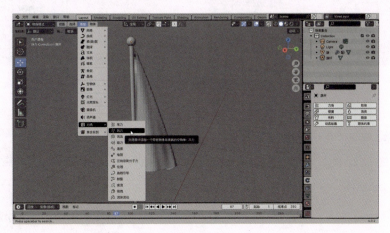

图 10-46

⑬ 在场景中创建风力场,调整其至图 10-47 所示方向和位置。

⑭ 在"物理"面板中,设置"强度/力度"为 10000,如图 10-48 所示。

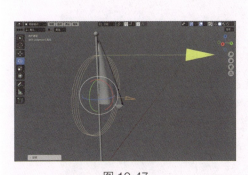

图 10-47

图 10-48

⑮ 设置完成后,播放动画,可以看到旗受风力影响所产生的飘动效果,如图 10-49 所示。

⑯ 选择旗模型,单击鼠标右键,在弹出的"物体"菜单中执行"平滑着色"命令,如图 10-50 所示。

197

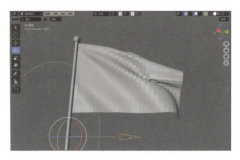

图 10-49

图 10-50

⑰ 在"修改器"面板中,为旗模型添加"表面细分"修改器,设置"视图层级"为2,如图10-51所示。

⑱ 再次播放动画,本实例最终的动画效果如图10-52所示。

图 10-51

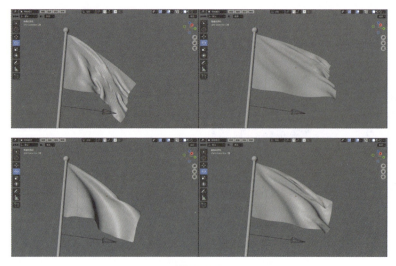

图 10-52

⑲ 在"缓存"卷展栏中,勾选"磁盘缓存"复选框,再单击"烘焙"按钮,如图10-53所示,为所选的布料对象创建缓存文件。

㉑ 在"渲染"面板中，勾选"运动模糊"复选框，如图10-54所示。

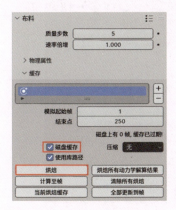

图 10-53

图 10-54

㉑ 渲染场景，本实例的渲染效果如图10-55所示。

图 10-55

学习完本实例后，思考一下如何将该实例应用在动画项目上。

10.6.3 实例：制作枕头膨胀动画效果

实例介绍

　　本实例主要讲解如何制作枕头膨胀的布料动力学动画效果，最终动画效果如图10-56所示。

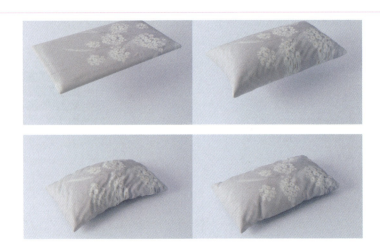

图 10-56

思路分析

先制作一个枕头模型,再调整参数制作动力学膨胀动画效果。

步骤演示

❶ 启动 Blender 4.0,打开配套的场景文件"枕头.blend",如图 10-57 所示。下面在这个场景中创建一个枕头模型。

❷ 执行"添加 > 网格 > 立方体"菜单命令,如图 10-58 所示,在场景中创建一个立方体模型。

❸ 在"变换"卷展栏中,设置"尺寸"的"X"为 0.35m、"Y"为 0.6m、"Z"为 0.02m,如图 10-59 所示。

图 10-57

图 10-58

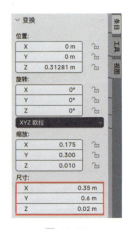

图 10-59

设置完成后，立方体模型的视图显示效果如图 10-60 所示。

❹ 在"修改器"面板中，为立方体模型添加"重构网格"修改器，并单击"锐边"选项卡，设置"八叉树算法深度"为 6，如图 10-61 所示，得到图 10-62 所示的模型效果。

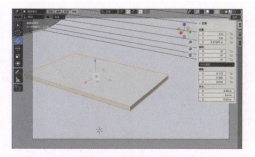

图 10-60

图 10-61

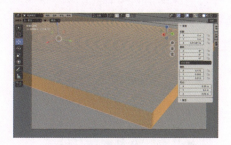

图 10-62

❺ 执行"物体 > 应用 > 全部变换"菜单命令，如图 10-63 所示，得到图 10-64 所示的立方体模型效果。

图 10-63

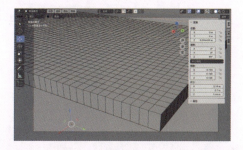

图 10-64

❻ 单击鼠标右键，在弹出的"物体"菜单中执行"转换到 > 网格"命令，如图 10-65 所示。

❼ 在"编辑模式"下，使用"环切"工具为模型添加一条边线，如图 10-66 所示。使用"缩放"工具调整边线至图 10-67 所示位置。

图 10-65

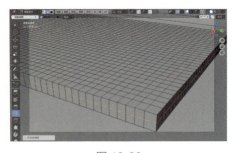 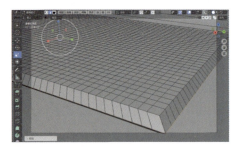

图 10-66　　　　　　　　　　　　　图 10-67

❽ 在"大纲视图"编辑器中,更改模型的名称为"枕头",如图 10-68 所示。

❾ 执行"添加 > 空物体 > 立方体"菜单命令,在场景中创建一个立方体形状的空物体,并调整其至图 10-69 所示大小和位置。

 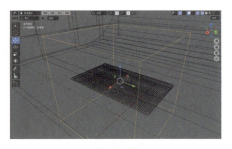

图 10-68　　　　　　　　　　　　　图 10-69

❿ 在"材质"面板中,为枕头模型新建一个材质,并更改材质的名称为"枕头",如图 10-70 所示。

⓫ 在"表(曲)面"卷展栏中,为"基础色"属性添加"枕头贴图.jpg"文件,设置"矢量"为"纹理坐标 | 物体",设置"物体"为"空物体",如图 10-71 所示。

 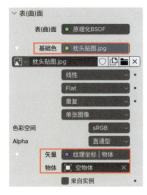

图 10-70　　　　　　　　　　　　　图 10-71

⑫ 设置完成后，使用"缩放"和"移动"工具调整空物体的大小和位置，以调整枕头模型的贴图效果，如图10-72所示。

⑬ 选择枕头模型，在"物理"面板中，单击"布料"按钮，如图10-73所示。

图 10-72

图 10-73

⑭ 在"布料"卷展栏中，勾选"压力"复选框，设置"压力"为60，如图10-74所示。

⑮ 在"碰撞"卷展栏中，设置"物体碰撞"的"距离"为0.005m，勾选"自碰撞"复选框，设置"自碰撞"的"距离"为0.005m，如图10-75所示。

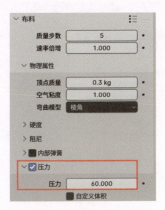

图 10-74

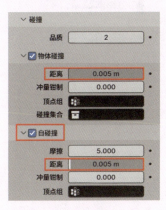

图 10-75

⑯ 选择平面模型，在"物理"面板中，单击"碰撞"按钮，如图10-76所示。

⑰ 播放动画，本实例的动画效果如图10-77所示。

图 10-76

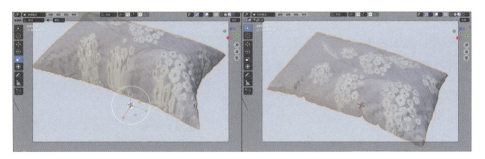

图 10-77

⓲ 在"修改器"面板中,为枕头模型添加"表面细分"修改器,设置"视图层级"为2,如图 10-78 所示。

⓳ 选择枕头模型,单击鼠标右键,在弹出的"物体"菜单中执行"平滑着色"命令,如图 10-79 所示。

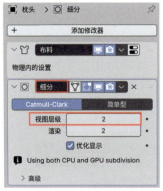

图 10-78

图 10-79

⓴ 设置完成后,渲染场景,本实例的渲染效果如图 10-80 所示。

图 10-80

动力学动画　第10章

举一反三　学习完本实例后，可以思考如何制作其他形状的枕头模型。

技巧与提示　本实例操作步骤较多，建议读者观看相关教学视频进行学习。

10.6.4　实例：制作鱼排掉落动画效果

实例介绍

本实例主要讲解如何制作鱼排掉落的软体动力学动画效果，最终动画效果如图 10-81 所示。

图 10-81

思路分析

先将鱼排模型设置为软体对象，再调整参数制作软件动力学掉落动画效果。

步骤演示

❶ 启动 Blender 4.0，打开配套的场景文件"鱼肉.blend"，场景中将显示一个鱼排模型，如图 10-82 所示。

❷ 选择鱼排模型，在"物理"面板中，单击"软体"按钮，如图 10-83 所示，将鱼排模型设置为软体对象。

205

图 10-82

图 10-83

❸ 在"软体"卷展栏中,取消勾选"目标"复选框,勾选"自碰撞"复选框,如图 10-84 所示。

❹ 选择场景中的平面模型,在"物理"面板中,单击"碰撞"按钮,如图 10-85 所示。

图 10-84

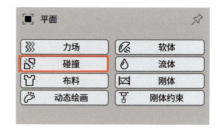
图 10-85

❺ 在"软体与布料"卷展栏中,设置"外部厚度"为 0.002,如图 10-86 所示。

❻ 设置完成后,播放动画,可以看到鱼排掉落至平面后的模型效果,如图 10-87 所示。仔细观察,可以发现鱼排模型产生了较为夸张的形变。

图 10-86

图 10-87

❼ 选择鱼排模型,在"边"卷展栏中,设置"推"为 0.95、"弯曲"为 9.5,如图 10-88 所示。

⑧ 设置完成后，播放动画，可以看到鱼排模型掉落至平面的效果，如图 10-89 所示。

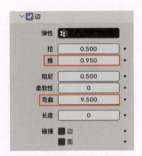

图 10-88

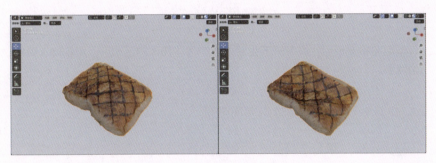

图 10-89

⑨ 在"缓存"卷展栏中，设置"结束点"为 25，勾选"磁盘缓存"复选框，单击"烘焙"按钮，如图 10-90 所示，开始烘焙软体动画效果。

⑩ 在"修改器"面板中，为鱼排模型添加"表面细分"修改器，设置"视图层级"为 2，如图 10-91 所示。

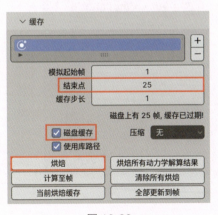

图 10-90

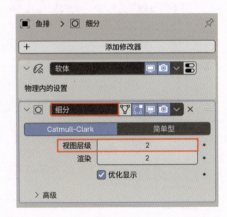

图 10-91

⑪ 设置完成后，渲染场景，本实例的渲染效果如图 10-92 所示。

图 10-92

举一反三　学习完本实例后，思考一下生活中还有哪些物体的运动可以用软体来模拟动力学动画效果。

10.6.5　实例：制作文字波纹动画效果

实例介绍

本实例主要讲解如何制作文本模型表面的波纹动力学动画效果，最终动画效果如图 10-93 所示。

图 10-93

思路分析

先制作球体的位移动画，再调整参数制作波纹动画效果。

步骤演示

① 启动 Blender 4.0,打开配套的场景文件"Logo.blend",场景中将显示一个文本模型和一个球体模型,如图 10-94 所示。

② 在第 0 帧处,选择球体模型,在"变换"卷展栏中,为"位置 Y"属性设置关键帧,如图 10-95 所示。

图 10-94

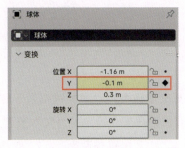

图 10-95

③ 在第 120 帧处,设置"位置 Y"为 0.65m,再次为该属性设置关键帧,如图 10-96 所示。

④ 选择球体模型,在"物理"面板中,单击"动态绘画"按钮,如图 10-97 所示。

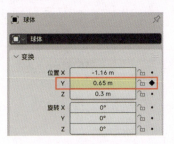

图 10-96

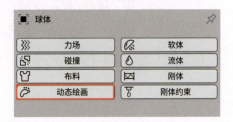

图 10-97

⑤ 在"动态绘画"卷展栏中,设置"Type"为"Brush",单击"添加笔刷"按钮,如图 10-98 所示。

⑥ 选择文本模型,在"物理"面板中,单击"动态绘画"按钮,如图 10-99 所示。

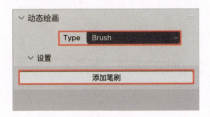

图 10-98

图 10-99

❼ 在"动态绘画"卷展栏中，设置"Type"为"Canvas"，单击"添加画布"按钮，如图 10-100 所示。

❽ 在"表（曲）面"卷展栏中，设置"表面类型"为"波浪"，如图 10-101 所示。

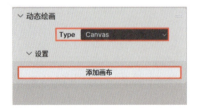

图 10-100

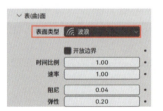

图 10-101

❾ 选择文本模型，观察其线框显示效果，如图 10-102 所示。

❿ 在"修改器"面板中，为文本模型添加"重构网格"修改器，单击"锐边"选项卡，设置"八叉树算法深度"为 7，取消勾选"移除分离元素"复选框，并将其调整至"动态绘画"修改器上方，如图 10-103 所示。

图 10-102

图 10-103

设置完成后，文本模型的线框显示效果如图 10-104 所示。

⓫ 播放动画，可看到球体模型划过文本模型后，文字表面产生的波纹动画效果，如图 10-105 所示。

图 10-104

图 10-105

⑫ 在"修改器"面板中,为文本模型添加"表面细分"修改器,设置"视图层级"为2,如图 10-106 所示。

⑬ 在"修改器"面板中,单击"重构网格"后面的下拉按钮,在弹出的菜单中执行"应用"命令,如图 10-107 所示。

图 10-106

图 10-107

⑭ 选择文本模型,单击鼠标右键,在弹出的"物体"菜单中执行"平滑着色"命令,如图 10-108 所示。再次观察模型,可以看到文本模型表面的波纹效果平滑了许多,如图 10-109 所示。

图 10-108

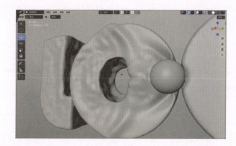

图 10-109

⑮ 本实例最终的文字波纹动画效果如图 10-110 所示。

图 10-110

图 10-110（续）

⑯ 渲染场景，本实例的渲染效果如图 10-111 所示。

图 10-111

> 🔷 **技巧与提示**
>
> 读者可以尝试更改文本模型的材质，以得到更有趣的渲染效果。例如，为文本模型设置渐变色玻璃材质，渲染效果如图 10-112 所示。
>
>
>
> 图 10-112

学习完本实例后，可以更改文字的内容来制作其他 Logo 的波纹动画效果。

第11章

使用 AI 制作三维设计作品

11.1 Stable Diffusion 概述

Stable Diffusion 是 Stability AI 公司发布的一款可以在消费级 GPU 上快速生成高质量图像的 AI 绘画工具。Stable Diffusion 可以安装在本地计算机上。如果读者拥有一台带有强劲性能显卡的计算机，则可以使用该计算机进行 AI 绘图。另外，除了购买一台高性能计算机，读者还可以选择付费给第三方公司，使用其云部署的 AI 绘图工具进行 AI 绘图。图 11-1 所示为网易 AI 设计工坊的 Stable Diffusion 工作界面。有关 Stable Diffusion 工作界面的视频详解，可扫描图 11-2 中的二维码观看。

图 11-1

图 11-2

11.2 技术实例

11.2.1 实例：使用"文生图"功能制作穿机甲的女孩图像

实例介绍

本实例通过制作动画风格的、穿机甲的女孩图像来详细讲解文生图的具体操作方法及提示词书写思路。图 11-3 所示为本实例制作的图像效果之一。

图 11-3

思路分析

先思考要绘制的画面的主体特征，然后输入提示词来生成图像。

步骤演示

❶ 设置"Stable Diffusion 模型"为"RealCartoon-Pixar"，设置"外挂 VAE 模型"为"None"，输入中文提示词"女孩，蓝色马尾辫，机甲，霓虹灯光，都市街道，夜晚"，如图 11-4 所示。

图 11-4

❷ 输入完成后，按 Enter 键，即可将其翻译为英文"Girl, Blue ponytail, Mecha, Neon light, City street, Night"，并自动填入"正向提示词"文本框内，如图 11-5 所示。

图 11-5

> **技巧与提示**
>
> 由于 Stable Diffusion 目前仅支持英文，所以读者最好熟记一些常用的英文提示词。

❸ 在"生成"选项卡中，设置"迭代步数（Steps）"为50、"宽度"为1024、"高度"为1024、"总批次数"为2，如图 11-6 所示。

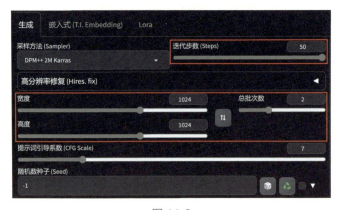

图 11-6

设置完成后，生成图像，效果如图 11-7 所示。可以看到这两张图像基本符合之前所输入的提示词，但其细节还有待优化。

图 11-7

❹ 在"Lora"选项卡中，选择"OC 3D 渲染风"，如图 11-8 所示。设置完成后，可以看到该 Lora 模型出现在"正向提示词"文本框中，如图 11-9 所示。

图 11-8

图 11-9

❺ 设置完成后，生成图像，效果如图 11-10 所示。可以看到图像中机甲的细节丰富了许多，画面的风格也有了明显的变化。

图 11-10

❻ 设置"Stable Diffusion 模型"为"DreamShaper"，如图 11-11 所示。设置完成后，生成图像，效果如图 11-12 所示。

图 11-11

图 11-12

❼ 设置"Stable Diffusion 模型"为"AWPainting",如图 11-13 所示。设置完成后,生成图像,效果如图 11-14 所示。

图 11-13

图 11-14

❽ 设置"Stable Diffusion 模型"为"万能模型|Deliberate",如图 11-15 所示。设置完成后,生成图像,效果如图 11-16 所示。

图 11-15

图 11-16

⑨ 设置"Stable Diffusion 模型"为"ReV Animated",如图 11-17 所示。设置完成后,生成图像,效果如图 11-18 所示。

图 11-17

图 11-18

⑩ 在"高分辨率修复(Hires.fix)"卷展栏中,设置"高分迭代步数"为 20、"重绘幅度"为 0.8、"放大倍数"为 2,如图 11-19 所示。

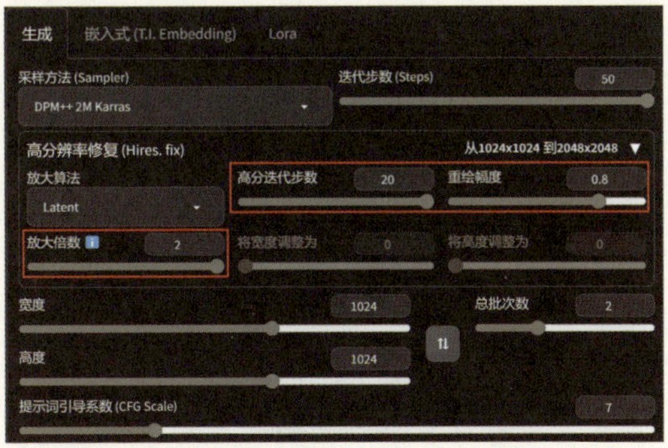

图 11-19

> **技巧与提示**
>
> 　　在本实例中，设置"放大倍数"为 2 后，并不会真的得到 2048 像素 ×2048 像素的图像。该参数后面有个蓝色标记，将鼠标指针放到该标记上，可看到有关该值的说明：当图像尺寸为 768 像素以下时，该值计算上限为 2 倍；当图像尺寸为 768 ～ 1024 像素时，该值计算上限为 1.5 倍；当图像尺寸为 1024 像素以上时，该值计算上限为 1.2 倍。

⓫ 设置完成后，生成图像，得到较大分辨率的图像效果，如图 11-20 所示。

图 11-20

 读者可以尝试更换不同的模型，以得到不同风格的穿机甲的女孩图像。

11.2.2　实例：使用"文生图"功能制作写实风格的男生图像

> **实例介绍**
>
> 　　使用 Stable Diffusion 除了可以生成卡通风格的人物图像，还可以生成较为写实的人物图像。本实例将讲解如何使用"文生图"功能来绘制写实风格的男生图像。图 11-21 所示为本实例制作的图像效果之一。

图 11-21

使用 AI 制作三维设计作品　第 11 章

> **思路分析**
> 先思考要绘制的画面的主体特征，然后输入提示词来生成图像。

▶ 步骤演示

❶ 设置"Stable Diffusion 模型"为"majicMIX alpha 麦橘男团"，设置"外挂 VAE 模型"为"None"，输入中文提示词"男生，黑色头发，白色毛衣，细节丰富，最好质量，阳光照射，灰色背景"后回车，生成对应的英文提示词，"Boy student, Black hair, White sweater, Rich in details, Best quality, Sunlight exposure, Grey background"，如图 11-22 所示。

图 11-22

❷ 在"生成"选项卡中，设置"采样方法（Sampler）"为"Euler a"，设置"迭代步数（Steps）"为 40、"宽度"为 1024、"高度"为 1024、"总批次数"为 2，如图 11-23 所示。

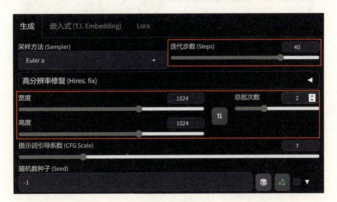

图 11-23

❸ 在"ADetailer"卷展栏中，勾选"启用 After Detailer"复选框，如图 11-24 所示。设置完成后，生成图像，效果如图 11-25 所示，可以看到这两张图像基本符合之前输入的提示词。

221

图 11-24

图 11-25

❹ 补充正向提示词"微笑，短发"，翻译为英文"smile, Short hair"，如图 11-26 所示。

图 11-26

设置完成后，生成图像，效果如图 11-27 所示。

图 11-27

❺ 删除正向提示词"白色毛衣",补充正向提示词"络腮胡子,T恤",翻译为英文"A beard, T-shirt",如图 11-28 所示。

图 11-28

设置完成后,生成图像,效果如图 11-29 所示。可以看到图像中的人物长着络腮胡子,衣服也变为 T 恤。

❻ 补充正向提示词"大块肌肉",翻译为英文"Bulk muscle",如图 11-30 所示。设置完成后,生成图像,效果如图 11-31 所示。可以看到图像中的人物有着粗壮的手臂。

图 11-29

图 11-30

图 11-31

⑦ 删除正向提示词"络腮胡子",补充正向提示词"卷发",翻译为英文"Curly hair",如图 11-32 所示。设置完成后,生成图像,效果如图 11-33 所示,可以看到图像中的人物发型变为卷发效果。

图 11-32

图 11-33

读者可以尝试更改提示词,生成古装效果的长发男生图像。

11.2.3 实例：使用"文生图"功能制作三维风格的都市街道图像

> **实例介绍**
>
> 在三维软件中制作都市街道场景之前，可以先尝试进行 AI 绘图，寻找创作灵感及思路。本实例将讲解如何使用"文生图"功能绘制三维风格的都市街道图像。图 11-34 所示为本实例制作的图像效果之一。
>
>
>
> 图 11-34
>
> **思路分析**
>
> 先思考要绘制的画面的主体特征，然后输入提示词来生成图像。

步骤演示

❶ 设置"Stable Diffusion 模型"为"ReV Animated"，设置"外挂 VAE 模型"为"None"，输入中文提示词"都市马路，白云，蓝天，树木，阳光，公交车"后回车，生成对应的英文提示词"Urban road, White cloud, Blue sky, Trees, sunshine, bus"，如图 11-35 所示。

图 11-35

❷ 在"生成"选项卡中，设置"迭代步数（Steps）"为 35、"宽度"为 1000、"高度"为 600、"总批次数"为 4，如图 11-36 所示。

225

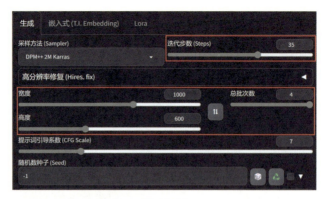

图 11-36

设置完成后，生成图像，效果如图 11-37 所示。可以看到这些图像基本符合之前输入的提示词。

图 11-37

❸ 在"Lora"选项卡中，选择"城市万象|Realistic UrbanMix"，如图 11-38 所示。设置完成后，可以看到该 Lora 模型出现在"正向提示词"文本框中，如图 11-39 所示。

图 11-38

图 11-39

❹ 单击"生成"按钮，生成的图像效果如图 11-40 所示。可以看到这些图像看起来更加立体、真实。但是场景中几乎没有公交车，而且与之前的图像效果相比，差距较大。

图 11-40

❺ 将 Lora 模型的权重设置为 0.7，如图 11-41 所示。

图 11-41

❻ 单击"生成"按钮，生成的图像效果如图 11-42 所示。可以看到这些场景中又出现了公交车，并且图像的效果也与最初的效果接近。

图 11-42

❼ 在"高分辨率修复（Hires.fix）"卷展栏中，设置"高分迭代步数"为 20、"重绘幅度"为 0.7、"放大倍数"为 2，如图 11-43 所示。

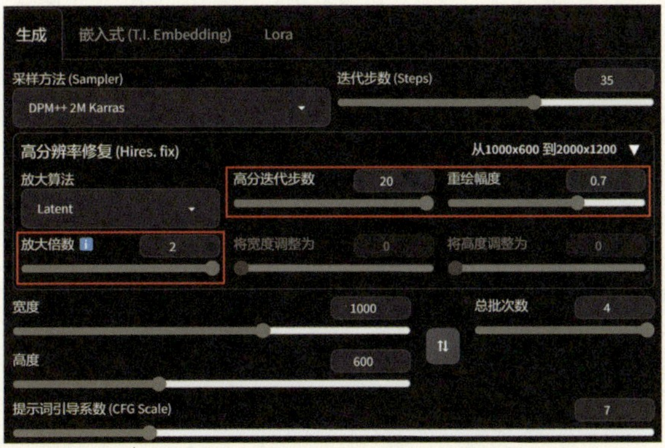

图 11-43

❽ 单击"生成"按钮，生成的图像效果如图 11-44 所示，得到尺寸更大的图像作品。

图 11-44

读者可以尝试更换或添加不同的提示词让画面变得更加丰富。

11.2.4 实例：使用"文生图"功能制作三维风格的客厅场景图像

🔘 **实例介绍**

初学者在制作室内场景时，常常不知道要往空间里摆放什么物品。这时，可以使用 AI 绘画寻找创作思路。本实例将讲解如何使用"文生图"功能绘制三维风格的客厅场景图像。图 11-45 所示为本实例制作的图像效果之一。

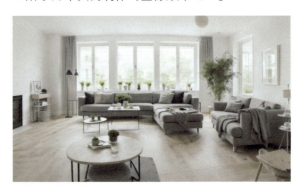

图 11-45

🔘 **思路分析**

先思考要绘制的画面的主体特征，然后输入提示词生成图像。

▶ **步骤演示**

❶ 设置"Stable Diffusion 模型"为"ArchitectureRealMix"，设置"外挂 VAE 模型"为"Automatic"，输入中文提示词"客厅，地板，沙发，木制茶几，绿植，阳光，北欧风格"后回车，生成对应的英文提示词"Living room, Flooring, sofa, Wooden end table, Green plant, sunshine, Nordic style"，如图 11-46 所示。

图 11-46

❷ 在"生成"选项卡中,设置"迭代步数(Steps)"为 50、"宽度"为 1000、"高度"为 600、"总批次数"为 4,如图 11-47 所示。设置完成后,生成图像,效果如图 11-48 所示。可以看到这些图像基本符合之前输入的提示词。

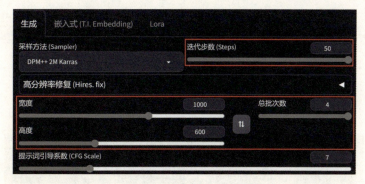

图 11-47

图 11-48

❸ 在"Lora"选项卡中,选择"室内设计 - 北欧奶油风 |Nordic Modern Style Interior Design",如图 11-49 所示。

图 11-49

❹ 将该 Lora 模型的权重设置为 0.5，如图 11-50 所示。

图 11-50

❺ 单击"生成"按钮，生成的图像效果如图 11-51 所示。

图 11-51

❻ 在"高分辨率修复（Hires.fix）"卷展栏中，设置"高分迭代步数"为 20、"重绘幅度"为 0.7、"放大倍数"为 2，如图 11-52 所示。

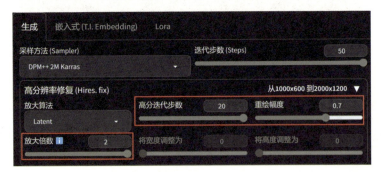

图 11-52

❼ 单击"生成"按钮，生成的图像效果如图 11-53 所示，得到尺寸大一些的图像作品。

图 11-53

读者可以尝试使用同样的方法制作卧室场景图像。

11.2.5 实例：使用"文生图"功能制作手绘风格的街道场景图像

实例介绍

使用 Stable Diffusion 可以生成手绘风格的唯美街道场景图像。本实例将讲解如何使用"文生图"功能绘制手绘风格的街道场景图像。图 11-54 所示为本实例制作的图像效果之一。

图 11-54

思路分析

先思考要绘制的画面的主体特征，然后输入提示词来生成图像。

步骤演示

❶ 设置"Stable Diffusion 模型"为"填色大师 Coloring_master_anime"，设置"外挂 VAE 模型"为"None"，输入中文提示词"蓝天，白云，松树，街道，小鸟"后回车，生成对应的英文提示词"Blue sky, White cloud, Pine tree, street, birdie"，如图 11-55 所示。

图 11-55

❷ 在"生成"选项卡中，设置"迭代步数（Steps）"为 35、"宽度"为 1000、"高度"为 600、"总批次数"为 4，如图 11-56 所示。设置完成后，生成图像，效

果如图 11-57 所示。可以看到这些图像基本符合之前输入的提示词。

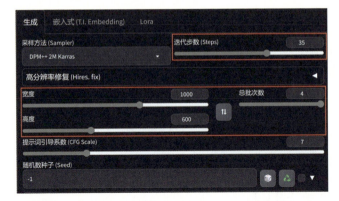

图 11-56

图 11-57

❸ 在"Lora"选项卡中，选择"Detail 细节调整"，如图 11-58 所示。

图 11-58

设置完成后，可以看到该 Lora 模型出现在"正向提示词"文本框中，如图 11-59 所示。

图 11-59

❹ 单击"生成"按钮,生成的图像效果如图 11-60 所示,可以看到这些图像的细节被优化了。

图 11-60

❺ 在"高分辨率修复(Hires.fix)"卷展栏中,设置"高分迭代步数"为 20、"重绘幅度"为 0.7、"放大倍数"为 2,如图 11-61 所示。

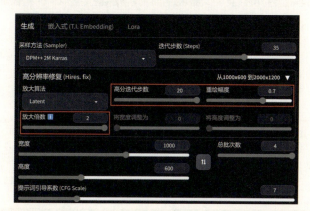

图 11-61

❻ 单击"生成"按钮,生成的图像效果如图 11-62 所示,得到尺寸大一些的图像作品。

图 11-62

读者可以尝试更换或添加不同的提示词让画面变得更加丰富。

11.2.6　实例：使用"文生图"功能制作科幻风格的未来城市图像

实例介绍

使用 Stable Diffusion 可以快速生成具有流线型特征的建筑图像，使其看起来具有科幻风格。本实例将讲解如何使用"文生图"功能绘制科幻风格的未来城市图像。图 11-63 所示为本实例制作的图像效果之一。

图 11-63

思路分析

先思考要绘制的画面的主体特征，然后输入提示词来生成图像。

步骤演示

❶ 设置"Stable Diffusion 模型"为"ArchitectureRealMix"，设置"外挂 VAE 模型"为"Automatic"，输入中文提示词"都市马路，阳光，绿植"后回车，生成对应的英文提示词"Urban road, sunshine, Green plant"，如图 11-64 所示。

图 11-64

❷ 在"生成"选项卡中，设置"迭代步数（Steps）"为 50、"宽度"为 1000、"高度"为 600、"总批次数"为 4，如图 11-65 所示。设置完成后，生成图像，效果如图 11-66 所示。可以看到这些图像基本符合之前输入的提示词。

图 11-65

图 11-66

❸ 补充正向提示词"圆形建筑，曲面建筑，飞碟"，翻译为英文"Circular building, Curved architecture, Flying saucer"，如图 11-67 所示。

图 11-67

❹ 单击"生成"按钮，生成的图像效果如图 11-68 所示。

图 11-68

❺ 在"高分辨率修复（Hires.fix）"卷展栏中，设置"高分迭代步数"为 20、"重绘幅度"为 0.7、"放大倍数"为 2，如图 11-69 所示。

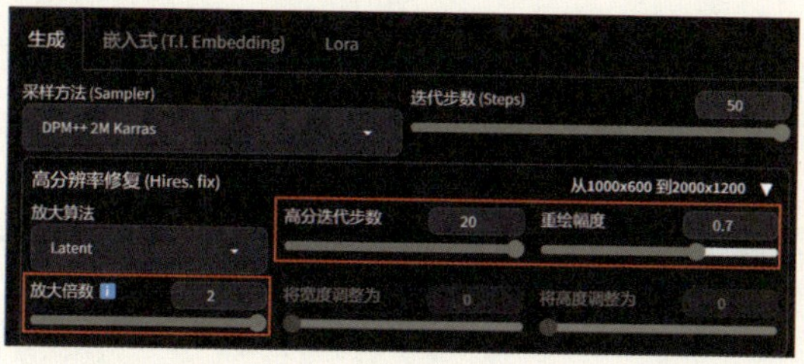

图 11-69

❻ 单击"生成"按钮，生成的图像效果如图 11-70 所示，得到尺寸大一些的图像作品。

图 11-70

读者可以尝试更换或添加不同的提示词更改建筑的特征。

11.2.7 实例：使用"图生图"功能制作海边的女孩图像

实例介绍

学习完之前的实例，相信读者已经对 AI 绘画有了一定的了解，并且也意识到了 AI 绘图工具在生成人物时人物姿势的随机性非常大。本实例将讲解如何使用"图生图"功能控制人物的姿势。图 11-71 所示为本实例制作的图像效果之一。

图 11-71

思路分析

先思考要绘制的画面的主体特征，然后输入提示词来生成图像。

步骤演示

❶ 设置"Stable Diffusion 模型"为"DreamShaper"，设置"外挂 VAE 模型"为"Automatic"，在"图生图"选项卡中输入中文提示词"女孩，黑色头发，短发，T恤，长裤，海边，沙滩，蓝天，白云，小岛，细节丰富，最好质量，阳光照

236

射"后回车，生成对应的英文提示词"Girl, Black hair, Short hair, T-shirt, trousers, seaside, beach, Blue sky, White cloud, A small island, Rich in details, Best quality, Sunlight exposure"，如图 11-72 所示。

❷ 在"生成"选项卡中，添加一张参考照片，设置"迭代步数（Steps）"为 50、"宽度"为 1400、"高度"为 1050、"总批次数"为 4，如图 11-73 所示。

图 11-72　　　　　　　　　　　图 11-73

❸ 在"Lora"选项卡中，选择"OC 3D 渲染风"，如图 11-74 所示。

图 11-74

❹ 将该 Lora 模型的权重设置为 0.5，如图 11-75 所示。

图 11-75

设置完成后，生成图像，效果如图 11-76 所示。可以看到这些图像基本符合之前输入的提示词，且人物的肢体动作与参考照片中的人物姿势较为接近。

图 11-76

❺ 在"ControlNet v1.1.416"卷展栏中，勾选"启用"复选框、勾选"上传独立的控制图像"复选框，勾选"完美像素模式"复选框后，上传一张照片来控制人物的姿势。设置"控制类型"为"OpenPose（姿态）"，单击红色爆炸图案形状的按钮，如图 11-77 所示。

❻ 经过一段时间的计算，"单张图片"选项卡中的照片旁边会显示出计算得到的人物骨骼图，这个图可能不会特别准确，所以，单击"预处理结果预览"右下方的"编辑"按钮，如图 11-78 所示，会弹出"SD-WEBUI-OPENPOSE-EDITOR"面板，如图 11-79 所示。

图 11-77

图 11-78　　　　　　　　　　　图 11-79

❼ 在"SD-WEBUI-OPENPOSE-EDITOR"面板中，可以编辑骨骼节点，例如微调手部的姿势，设置成一个接近"OK"的手势，调整完成后，单击"发送姿势到 ControlNet"按钮，如图 11-80 所示。

图 11-80

❽ 在"ADetailer"卷展栏中，勾选"启用 After Detailer"复选框，如图 11-81 所示。

图 11-81

❾ 单击"生成"按钮，生成的图像效果如图 11-82 所示，这次生成的 4 幅作品中人

物的姿势与上传的照片中的人物姿势非常接近。

图 11-82

读者可以尝试使用自己的照片控制生成图像中人物的姿势。

11.2.8 实例：使用"图生图"功能制作卧室效果图

> **实例介绍**
>
>   Stable Diffusion 既可以仅凭提示词凭空创建效果图，又可以根据现有的图像生成相似布局的效果图。在 Blender 图像中制作出一张室内场景图像后，可以使用 Stable Diffusion 快速得到布局较为相似的多张图像，这有利于扩展创作思路。本实例将讲解如何使用"图生图"功能制作多张卧室效果图。图 11-83 所示为本实例制作的图像效果之一。
>
>
>
> 图 11-83
>
> **思路分析**
>
>   先使用 Blender 4.0 制作出一张室内场景的效果图，然后将其导入 Stable Diffusion 中，输入提示词来生成新的 AI 绘图作品。

使用 AI 制作三维设计作品 第 11 章

> ▶ 步骤演示

❶ 设置"Stable Diffusion 模型"为"ArchitectureRealMix",设置"外挂 VAE 模型"为"None",在"图生图"选项卡中输入中文提示词"卧室,地板,绿植,双人床,阳光"后回车,生成对应的英文提示词"bedroom, Flooring, Green plant, Double bed, sunshine",如图 11-84 所示。

图 11-84

❷ 在"生成"选项卡中,添加一张使用 Blender 4.0 制作的参考图像,设置"迭代步数(Steps)"为 50、"宽度"为 1000、"高度"为 640、"总批次数"为 4,如图 11-85 所示。设置完成后,生成图像,效果如图 11-86 所示。可以看到这些图像基本符合之前输入的提示词,并且图像的视角及布局也与之前上传的参考图像较为相似。

图 11-85

图 11-86

> **举一反三** 读者可以尝试根据 Stable Diffusion 生成的 AI 绘图作品来制作一张中式客厅的效果图。

241

11.2.9 实例：使用"图生图"功能制作创意海报

> **实例介绍**
>
> 本实例将讲解如何使用"图生图"功能制作多张创意海报。图 11-87 所示为本实例制作的图像效果之一。

图 11-87

> **思路分析**
>
> 先准备一张海报参考图和一张文字图，然后将其导入 Stable Diffusion，输入提示词来生成海报。

步骤演示

❶ 设置"Stable Diffusion 模型"为"ArchitectureRealMix"，设置"外挂 VAE 模型"为"None"，在"图生图"选项卡中输入中文提示词"树，蓝天，白云，楼房"后回车，生成对应的英文提示词"The tree, Blue sky, White cloud, building"，如图 11-88 所示。

图 11-88

❷ 在"生成"选项卡中，添加一张城市图像作为海报的背景参考图，设置"迭代步数（Steps）"为 50、"宽度"为 1200、"高度"为 720、"总批次数"为 4、"重绘幅度"为 0.8，如图 11-89 所示。

③ 在"ControlNet v1.1.416"卷展栏中，勾选"启用"复选框，勾选"上传独立的控制图像"复选框后，上传一张文字图。设置"控制类型"为"Canny（硬边缘）"，单击红色爆炸图案形状的按钮，如图 11-90 所示。

图 11-89　　　　　　　　　　图 11-90

④ 经过一段时间的计算，"单张图片"选项卡中的文字图旁边会显示计算得到的硬边缘图，如图 11-91 所示。

图 11-91

设置完成后,生成图像,效果如图 11-92 所示,生成的海报效果基本符合之前输入的提示词。

图 11-92

读者可以尝试使用不同的背景图生成不同的有趣的海报。